做内心强大的自己

林锦 ◎ 编著

中国纺织出版社有限公司

内 容 提 要

心病还需心药医，面对焦虑、紧张、忧郁、悲伤、沮丧、挫败感等心理问题，我们与其看心理医生，不如做自己的医生，因为我们的身心天生具有超强的自愈能力，只要我们善于激发，就能为我们所用。

本书从生活、工作、情感、学习等诸多方面入手，针对人们所遇到的心理问题进行全方位的阐述和建议。阅读完本书，相信你会有所收获，也能清除那些干扰我们前进的心灵污垢，从而开启健康快乐的人生之旅。

图书在版编目（CIP）数据

做内心强大的自己 / 林锦编著 . -- 北京：中国纺织出版社有限公司，2021.4
 ISBN 978-7-5180-8169-1

Ⅰ . ①做… Ⅱ . ①林… Ⅲ . ①心理学—通俗读物 Ⅳ . ① B84-49

中国版本图书馆 CIP 数据核字（2020）第 216591 号

责任编辑：江 飞　　责任校对：高 涵　　责任印制：储志伟

中国纺织出版社有限公司出版发行
地址：北京市朝阳区百子湾东里 A407 号楼　邮政编码：100124
销售电话：010—67004422　传真：010—87155801
http://www.c-textilep.com
中国纺织出版社天猫旗舰店
官方微博 http://weibo.com/2119887771
三河市宏盛印务有限公司印刷　各地新华书店经销
2021年4月第1版第1次印刷
开本：880×1230　1/32　印张：7
字数：128千字　定价：39.80元

凡购本书，如有缺页、倒页、脱页，由本社图书营销中心调换

前言

现代社会，人们的生活和工作节奏逐渐加快，竞争压力也无处不在，此时，每个人的内心或多或少会染上尘埃，也有一些人产生了心理问题，焦虑、紧张、忧郁、悲伤、沮丧、挫败感等时刻困扰着人们，以致身心疲惫。对此，一些人听之任之，任其发展，最后发展成严重的心理疾病，也有一些人寻求心理医生的帮助，然而，这也绝非长久之计。

其实，内心消极、有点心理问题并不可怕，可怕的是不去正视它，解铃还须系铃人，心病还须心药医。我们自身就有着天生的自愈能力，我们可以唤醒内心深处的力量，通过积极的心理暗示，从身体、精神和心灵上改善自己的境况，从而重获心灵健康、收获幸福。

庆幸的是，越来越多忙碌的人们，开始停下脚步，开始审视自我，也在寻求一种能洗涤心灵的方法，它能让我们远离浮躁、遏制欲望、豁达为人、抵制诱惑、戒掉抱怨、笑对逆境，能让我们的心在烦琐的生活之外找到依托，能让我们更好地工作，更好地生活，更好地提高自己、修炼自己。

或许，你需要一位心理自助导师，它能引导你抛开世俗的烦恼、帮你发现并接受最本真的自我。而本书就是这样一位导师，跟着它的脚步走，你会逐渐找到自己在尘世中的坐标，同

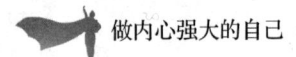

时为自己的心找到归宿。

　　本书立足现代人的生活现状，直击现代人迷茫困惑的内心世界，内容涉及社交、职场、婚恋等方面，运用平实而诚恳的语言，指出人们的各种心理问题完全可以依靠自身的力量来解决、治愈，希望广大读者朋友们能有所启示，激发积极的自我意识，树立健康的生活理念，成为自己的心理医生。

编著者

2020年11月

目录

上篇　幸福生活，用正能量来加持

第1章　心向阳光，让阴暗无处躲藏 ‖002

　　消极心态从哪里来 ‖002

　　心向阳光，摆脱消极心理 ‖007

　　你为什么会不快乐 ‖011

　　别担心背后有阴影，因为你前面有阳光 ‖014

第2章　敞开心扉，释放消极心理 ‖018

　　正能量的消耗会带来巨大的压力 ‖018

　　通过正确途径释放消极情绪 ‖022

　　正确对待嫉妒，释放负能量 ‖025

　　一旦被抱怨侵袭，就会陷入不快乐中 ‖028

第3章　唤醒觉知力，激发心理自愈的本能 ‖032

　　烦恼皆自找，庸人自扰之 ‖032

　　既然无法改变，就坦然接受 ‖036

　　不为琐事而烦忧 ‖039

　　积极乐观，本身就是一种正能量 ‖043

第4章　积聚正能量，享受生活的快乐 ‖047

　　遭遇挫折，别一蹶不振 ‖047

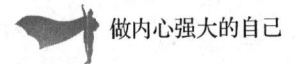

　　　若只有柠檬，就做一杯可口的柠檬汁　‖050

　　　充分享受生活的快乐，感受生命的真谛　‖053

　　　别为过去和未来烦恼　‖056

第5章　积极地思考，乐观轻松前行　‖060

　　　放眼长远，让未来充满希望　‖060

　　　经得起风雨的洗礼，化消极为积极　‖063

　　　信念具有无坚不摧的力量　‖066

　　　失败能让人反省，更催人奋进　‖069

中篇　完善自我，正确认识正能量

第6章　告别昨天，活出全新的自己　‖076

　　　不要让过去成为现在的负担　‖076

　　　鼓起勇气，开启新的人生　‖080

　　　推开那扇"虚掩的门"　‖083

　　　今天的我远胜于昨天　‖087

第7章　提升社交魅力，做气场强大的人　‖091

　　　微笑是打动人心的世界语言　‖091

　　　学会微笑　‖095

　　　学会尊重他人　‖098

第8章　社交正能量，助你轻松搭建人际圈　‖101

　　　站在对方的角度看问题　‖101

真诚沟通，赢得尊重 ‖105

用你的热忱感染对方 ‖108

练就精练的语言，提升气场 ‖112

第9章 排除负面情绪，快乐可以练出来 ‖116

用理智看待事物，不被情绪掌控 ‖116

做自己情绪的主人 ‖120

释放压力，拒绝消极情绪 ‖124

不要用别人的错误来惩罚自己 ‖127

第10章 善于沟通，让人际交往无障碍 ‖132

良好的人际关系从打招呼开始 ‖132

给对方留下美好的第一印象 ‖135

从对方感兴趣的话题入手 ‖139

主动认错，更容易获得原谅 ‖142

第11章 信念第一，坚定者勇而无畏 ‖147

树立目标，让心更有方向 ‖147

梦想是一粒快乐的种子 ‖150

再坚持一下，梦想就一定会实现 ‖153

下篇 和谐生活，正确运用正能量

第12章 通力合作，让你拥有无限附加值 ‖160

组建自己的团队 ‖160

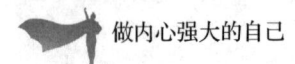

　　　　　任用人才，扬长避短　‖164

　　　　　只有平庸的将，没有无能的兵　‖168

第13章　燃烧热情，勤恳努力助你驰骋于职场　‖172

　　　　　勤奋工作，克服懒惰　‖172

　　　　　全力以赴，尽职尽责　‖175

　　　　　今日事，今日毕　‖179

第14章　轻松生活，保持激情让身体更轻盈　‖183

　　　　　健康饮食，远离"亚健康"　‖183

　　　　　学会合理释放负面的情绪　‖187

　　　　　学会对自己微笑　‖191

第15章　甜蜜爱恋，爱情是生命的魔法师　‖195

　　　　　有爱就表达出来　‖195

　　　　　爱情，合适的才是最好的　‖198

　　　　　爱情，需要呼吸的空间　‖201

第16章　婚姻围城，需要我们精心维系　‖205

　　　　　恒久的婚姻，需要彼此的宽容来维系　‖205

　　　　　被误会也要学会理解　‖208

　　　　　别总是希望爱人按照自己的意愿行事　‖212

参考文献　‖216

上篇 幸福生活，用正能量来加持

能量，似乎听起来更像是一个物理词语，与那些抽象的生活毫无关系。不过，生活中有一种能够支撑我们不断前进的东西，那就是正能量。试着将人体比作一个能量场，通过激发内在潜能，能够让人呈现出一个新的自我，从而变得更自信、更有活力。所以卡耐基说：幸福生活，需要用正能量来加持。

第1章　心向阳光，让阴暗无处躲藏

成功学大师卡耐基认同这样一句话："如果你背后有阴影，别担心，那是因为你前面有阳光。"其实在这个世界上，阳光的分布从来都是不均匀的，在许多不为人知的角落，或许只有阴影和阵阵寒意。但请别忘记，只要我们心向着阳光，那就一定会怀抱希望，从而拥抱正能量，为前进的步伐加油。

消极心态从哪里来

负能量与正能量相对，电影《神探亨特张》使"负能量"这个词语开始流行起来。在卡耐基看来，负能量是一种快速降低人的情绪，使人陷入低沉的东西。换言之，就是负能量只会让我们变得越来越糟糕，甚至最后将我们吞噬。我们经常用来安慰人的一句话是"人生不总是一帆风顺的"，但似乎这句话的效用只会发生在我们说给一些失意的人的时候。实际上，我们自己似乎从来没有去深思过这句话的含义，一旦发生了许多让自己不开心的事情，我们就会想到逃避，甚至开始在体内滋生一系列负能量：自卑、贪婪、嫉妒等。而这些将会摧毁我们好不容易建立起来的自信和成功，一步步将我们拉入深渊。

卡耐基讲过一个主人公名叫里昂的故事：里昂多年以来一

直担任西蒙出版公司的高层主管,后来是纽约州纽约市洛克菲勒中心袖珍图书公司的董事长。

在过去的15年里,里昂每天都需要把一半的时间用来开会和讨论问题,比如,这个问题应该这样还是那样;或者这个问题根本不用理会。这时里昂都会表现得异常紧张,坐立不安,在房间里走来走去,与下属讨论并不停地争辩,直至将会议开到晚上。散会时,里昂总是感到筋疲力尽。

这样的日子重复了很多年,里昂以为他这一辈子都会这样,不过有时他也在想,或许会有更好的办法。在这之前,如果有人告诉里昂,减少四分之三的会议时间,可以消除四分之三的紧张感,那时里昂会觉得这个人真是盲目的乐观主义者。不过,在经过很长时间的摸索之后,里昂觉得这真的可以。对此,里昂是怎么做的呢?

第一,里昂马上停止了那套15年来会议中一直使用的程序。比如,在以前,里昂会跟那些同事先报告一遍问题的细节,然后询问"我们该怎么办呢"?

第二,里昂立下了一条新的规矩,任何人想要问他问题,必须事前准备好一份书面报告,并准备三个问题:

1.到底是出了什么问题

在过去,会议一般都要开一两个小时,但是大家还弄不清楚真正的问题在哪里,大家经常是愿意讨论问题,却不愿意提前写出所讨论的问题究竟是什么。

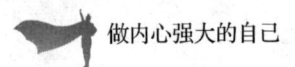

2.是什么导致了问题的出现

回想了过去的会议,里昂惊奇地发现,这种会议不仅浪费了很多时间,而且最后却没有找出导致这个问题出现的原因。也就是说,这个会议根本没有达到预期的效果。

3.怎样来解决这些问题

出现了问题肯定需要解决,在过去的会议上,只要有一个人提出了一个解决方法,就会有其他的人为此跟他争论,结果常常是说着说着就说到了别的话题,直到开完会,还没有找到解决问题的办法。

当里昂提出这样几个问题之后,他说:"过去那些跟我一起开会的人,经常会在会议上绕圈子,却从来没有想出过切实可行的解决方法。现在,我的下属很少会拿着他们的问题来找我了,因为他们发现当回答我上面这几个问题时,他们就已经在仔细思考问题了,当他们做了这些之后,就发现大部分问题都不需要再来找我商量了。"

以上就是里昂摆脱负能量的过程。在过去,每当里昂结束一个会议时,总感觉很累,更糟糕的是感觉既浪费了时间,又没有解决问题,根本没达到自己想要的效果。长此以往,最终的结果是里昂对开会越来越提不起精神,甚至一听到"开会"两个字就害怕,这其实就是一种负能量,它不断地使人否定自己,打击人的自信心,最终变得更糟糕。

第1章 心向阳光，让阴暗无处躲藏

正能量提示

不可否认，负能量一直存在于我们的潜意识里，就像一个魔鬼，只是在我们没唤醒它的时候，它就像一个熟睡的孩子；一旦触动，则会影响我们的身心乃至一生的幸福生活。在每个人的身体内部都潜伏着负能量，它通过潜意识微妙地影响着我们生活中的每一件事。看似它的存在可以忽略不计，但其实它占据了属于强大的正能量的空间。

卡耐基认为，在生活中每个人都有面对困难和痛苦的经历，它们显然是负能量的来源，而且到最后人们会发现，这些痛苦糟糕的经历带来的创伤会在自己内心某个地方留下情感的伤疤，成为挥之不去的阴影。当然，负能量不仅来自于这些糟糕痛苦的经历，有时候甚至生活中的小事也可能成为负能量的来源。

1.喜欢轻易下结论

人们或许不知道，轻易下结论是一个隐蔽的陷阱，它会让我们很容易把一个人的行为和他的为人联系起来。其实关键点在于，我们在不同的时间有不同的处事方式，这会带来多方面的变化，每件事情的变化都会影响到我们的情绪和自控能力以及对待他人的方式。

2.喜欢比较

许多人都有攀比心，这其实是一种不健全的心态，因为在竞争激烈的环境下，我们更应该清楚，有人会成功，就有人会

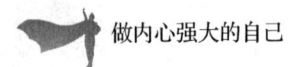

失败。生活并不是和其他人的一场竞赛，我们只需要做好自己，成为自己梦想中的那个人，永远不要沉浸在攀比的游戏中。

3.总觉得自己很委屈

许多人总是有这样一种心理，好像全世界只有自己最委屈，从而始终扮演着一个受害者的角色。其实，这是我们不愿意承担个人责任的表现，假如我们总觉得自己很可怜，那我们就会长期处于自卑、自闭、负面而狭隘的状态中，我们会拒绝正能量的加入，导致最后受到更多的负面影响。

4.总看到事情不好的一面

其实，这个世界是美好的，但我们的知觉影响着我们看待事情的方式。假如我们总是看到事情不好的一面，那我们的感受将极其糟糕，那些糟糕的感觉会不断地扩大，而良好的感觉则会缩小。于是，负能量就会在我们体内滋长，日积月累将毁掉我们原本美好的生活。

5.总想找个替罪羔羊

当一件不好的事情发生时，我们总会问：这是谁的错？之所以会问这个问题，主要是想找出该对这件事负责的人，希望把责任推到别人身上，从而使自己解脱。虽然我们通过推卸责任暂时释放了一些负能量，但是这会让我们的人格受到损害，这时勇敢地承担责任，才是让自己变得强大的方式。

6.想讨所有人的喜欢

不管你是谁，在这个世界上总会有人喜欢你，也总会有人

第1章 心向阳光，让阴暗无处躲藏

不喜欢你。或许，有人会同意你的观点，也有人会反对你的观点。但不管怎么样，在任何时候都不要为了迎合他人的喜好而改变自己，世界上没有两片一模一样的叶子，人也一样。如果你总是为了讨好别人而刻意改变自己，那只会逼着自己陷入无限的困惑中。只有找到真正的自己，你才会坦然地接受阳光的洗礼。

7.总喜欢回忆痛苦的经历

就好像祥林嫂不断地向人们诉说自己的痛苦经历一样，许多人总是沉浸在痛苦的回忆中，固执地收集着那些不愉快的经历和情感，日积月累，那些糟糕的感觉便如毒气一样挤压在胸口，一旦爆发就会伤得自己体无完肤。我们应该知道，执着于负面情绪就好像服毒，会上瘾，而且会推着我们走向灭亡之路。所以，对于不愉快的经历，应该学会释怀、淡忘。

心向阳光，摆脱消极心理

卡耐基说："不论压力有多大，每个人都能坚持到夜幕降临；无论多么艰难，每个人都能尽力完成一天的任务。在从太阳升起到落下的一天里，我们都能够真诚、愉快地面对生活，这就是生命的真谛。"当我们的心向着阳光时，阴霾还有可乘之机吗？一旦拥有了阳光心态，我们就会彻底地摆脱负能量。

其实，一个人内心的负面情绪、心理、思想，如嫉妒、陷害、攀比、贪婪、懒惰等都会为其行为引入负面效应，这样就会产生负能量。我们要学会控制自己的负面情绪、心理，避免将内心那些不愉快的情绪转化为负能量，因为这只会给自己的身心带来诸多伤害。

卡耐基在一次与威利·卡瑞尔一起吃午餐的时候，听到了卡瑞尔先生关于摆脱负能量的经历：

卡瑞尔年轻时在纽约州水牛钢铁公司打工。有一次，他被派往投资高达数百万美元的密苏里州匹兹堡玻璃公司去装配两台煤气结晶器，以清除杂质，使煤气完全燃烧并减轻引擎磨损。当时，这种清洗煤气的新方法仅仅是第二次应用于工业生产，技术还不够成熟，因此出现了许多意想不到的问题。卡瑞尔经过反复调试之后，机器虽然勉强可以运转，但并未达到设计效果。

当时的情况令卡瑞尔尴尬，他遭受了多年以来少有的重大打击，糟糕的情绪使得他肠胃痉挛，疼痛难当，在很长一段日子里都寝食难安。经验告诉卡瑞尔，那些滋生在体内的负能量将会越来越多，于是经过一番思考，卡瑞尔终于想到了一个既可以解决问题，同时也可以消除负能量的方法。

第一步，卡瑞尔坦然分析自己所面对的最坏结局，即便是彻底失败，也只是老板损失两万美元，自己可能丢掉工作，不过绝不可能去坐牢或者被枪毙，这是毫无疑问的。

第1章 心向阳光，让阴暗无处躲藏

第二步，卡瑞尔鼓励自己接受这个最坏的结果，他告诫自己，尽管这样，但他还能找到新的工作。至于老板，他们也知道这是在试验期，损失的两万美元还付得起，权当付了实验经费。接受了最坏的结果之后，卡瑞尔反而一身轻松，心平气和。

第三步，此后，卡瑞尔开始把时间和精力投入到改善最坏结果的努力中去。他尽可能地想一些补救办法，减少损失的数额，经过几次试验，他发现如果再花五千美元买些辅助设备，就可以解决问题。于是，老板按照卡瑞尔提出的建议去做，结果公司非但没有损失那两万美元，反而赚了一万五千美元。

最后，卡瑞尔补充道："要是当年我一直担心下去的话，恐怕永远不可能功德圆满了，因为负能量的最大破坏力，就是毁掉一个人的专注力，让人思维混乱，无法作出决定。然而，当我们迫使自己做最坏的打算，同时又做最好的准备时，我们就能轻松掌控全局，因为真实的结果不会更糟了，这样我们就处于心理上的优势地位，进而可以心无旁骛地解决问题。"在后来的几十年里，卡瑞尔一直使用这个摆脱负能量的方式，结果在他的生活里很难见到忧虑和烦恼的影子。

正能量提示

在生活中，许多人遭受过负能量的影响，却不知负能量究竟是如何侵入自己内心的。其实，这一方面是因为人们没有清楚地

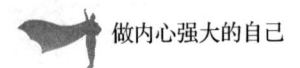
做内心强大的自己

意识到它的存在，另一方面是因为人们没有明白忽略它可能带来的影响。不过，假如我们没有摆脱负能量的正确方法，即便是意识到或者明白这样做的重要性也没有太大的作用。那么，有没有办法可以阻止负能量的产生，而且防止它累积起来阻碍我们追求想要的生活呢？

1.能量守恒定律

根据能量守恒定律可知，能量不会凭空产生或消失，它只会转化为其他形式或转移到另一个物体中，总量是不变的。正能量是一种健康乐观、积极向上的动力和情感，但现代社会的快速发展使得越来越多的人正能量不足，他们开始愤怒、悲伤，感到前途渺茫，于是负能量开始滋长，正能量则不断缺失。不过，只要我们摆正心态，在压力下唤醒动力，负能量就一定会转变为正能量。

2.不为小事烦心

哲人说："人生就像一朵鲜花，有时开，有时败，有时候面带微笑，有时候却低头不语。"无论人生这朵花几时开几时凋谢，我们依然过着自己的生活。即便你昨天刚遭遇了失恋的打击，依然需要保证第二天准时打卡上班，因为没有哪一家公司是可以为那些失恋的人提供假期的，也没有人会关注到你红了的眼眶。因此，为了这一点小事，我们有必要烦恼吗？

3.摆脱负能量的方式

成功学大师卡耐基总结出了摆脱负能量的方法：首先，你

第1章 心向阳光，让阴暗无处躲藏

应该问自己，最坏的可能是什么；其次，做好准备迎接它；最后，镇定、坦然，想方设法对可能的最坏情况加以改善。

摆正心态，即使天塌下来，也不是什么大不了的事情，要努力享受眼前的美景。对于那些烦心的问题，如果实在找不到解决的办法，不妨先放一放，等到自己心情完全平静之后再考虑，那时说不定所有的问题都会迎来柳暗花明又一村的光景。

你为什么会不快乐

卡耐基有时会回忆："多年前的一个夜晚，邻居匆忙来按我家门铃，让我们一家去种牛痘以预防天花。惊恐的人们排着长队，多个接种站的2000多名医生、护士夜以继日地工作，这一切都是因为纽约有8人患上天花，其中2人死亡——800万纽约市民仅仅死亡2人。"这时，卡耐基发出这样的感叹："我在纽约市居住了37年之久，可从没有人上门提醒我要预防精神上的忧郁症，在过往的37年中，这种病症对人的危害，远胜天花万倍。"其实，卡耐基这里所说的精神上的忧郁症就是负能量的一种。可以说，在现实生活中每十人中就有一人会精神崩溃，而大部分源于忧虑和情感冲突。为什么人会遭受负能量的折磨？

吉姆是一位年轻的汽车销售经理，他的前途充满了无限希望。但是，吉姆的情绪却非常压抑，意志消沉，他觉得自己快要死了。甚至，他开始为自己挑选墓地，为自己的葬礼做好准备。其实，吉姆的身体只是出了一点小问题，有时候会呼吸急促，心跳很快，喉咙梗塞。医生规劝他："你只需要坦然地生活，退出自己热爱的汽车销售行业就行了。"

吉姆在家里休息了一阵儿，但他还是感到焦虑和恐惧，于是，他的呼吸变得更加急促，心也跳得更快，喉咙依然梗塞。这时，医生劝他到外面去透透气，吉姆照做了，但依然无法消除内心的焦虑和恐惧。一周过去了，吉姆回到家里，他感觉死神快降临了。朋友告诉吉姆："赶快打消你的疑虑！如果你到明尼苏达州罗切斯特市的梅欧兄弟诊所，你就可以彻底地弄清病情，而不会失去什么，赶快，立即行动。"吉姆听从朋友的建议来到了罗切斯特，实际上，他担心自己会在路途中突然死亡。

在梅欧诊所，医生给吉姆做了全面检查，并告诉吉姆："你的症结是吸进了过多的氧气。"吉姆先是一愣，然后大笑起来："那真是太愚蠢了，我怎样对付这种情况呢？"医生说："当你感觉呼吸困难、心跳加速的时候，你可以向一个袋子呼气，或者暂时屏住气息。"医生递给吉姆一个纸袋，吉姆照办了，结果，他发现自己的心跳和呼吸都变得很正常，喉咙也不再梗塞了。当离开诊所的时候，他已经变得容光焕发，原来这一切症结都在于他内心的焦虑和恐惧。

焦虑和恐惧就是一种负能量，长期被这种负能量侵扰会

第1章 心向阳光，让阴暗无处躲藏

让我们相信，某个想象中的不好的事情将变成现实。然而，就是在这样的消极心理中，那些预感会发生的事情才真的发生了。到最后，我们的焦虑和恐惧越来越严重，以至于身体患上疾病。在这里，卡耐基告诫大家：心理不健康，诸如焦虑或恐惧，将导致我们的身体不健康。

正能量提示

卡耐基认为，相较于负能量，正能量给人以向上的信心和希望，鼓舞人不断地追求幸福生活。现代社会是一辆疾驰的列车，它更需要能量的驱动，而负能量就好像是劣质的汽油，会对列车造成致命的损害，甚至引发故障而抛锚。因此，只有创造更多的正能量，"列车"才能安全地驶向远方。不过，在消灭负能量，创造正能量之前，我们还需要了解为什么那么多人会遭受负能量的折磨。

1.专注于负面情绪会上瘾

当一个人总是沉浸在负面情绪中，时间长了是会上瘾的，这就好像吸毒一样。比如，失恋的女孩子总是想办法去打探前男友的消息，而且控制不住自己，一旦打听到前男友的消息，她便或悲伤或高兴，但可怕的是这种行为会把她带到过去痛苦的感情世界里，结果越是强迫自己忘记，越是深陷其中。

2.人总是可怜地想破罐子破摔

一个人一旦被负面情绪所困扰，体内便全是负能量的冲

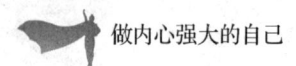

撞,此时已经开始放弃自己了。不管怎样,我们永远都需要认清一个事实,那就是在这个世界上除了你自己,没有谁可以打败你。假如你总是画地为牢,将自己牢牢设限在某个位置,破罐子破摔,那你永远都走不出来。

别担心背后有阴影,因为你前面有阳光

如果你背后有阴影,别担心,因为你前面有阳光。美国第16任总统林肯在患抑郁症期间说了一段感人肺腑的话:"现在我成了世界上最可怜的人,如果我个人的感觉能平均分配到世界上每个家庭中,那么,这个世界将不会再有一张笑脸,我不知道自己能否好起来,现在这样真是很无奈,对我来说,或者死去,或者好起来,别无他路。"所幸的是,林肯终于战胜了抑郁症,成为美国著名的总统之一。对每个人来说,悲观、抑郁就是飘浮在天空中的乌云,那是一种令人恐惧的负能量,它遮住了生活的阳光,给我们带来了无尽的阴霾。如果我们想要拥抱正能量,就应该远离悲观、抑郁,积极乐观地活着。悲观的心境犹如乌云,遮盖着心灵的阳光,乐观的心境则可以驱散乌云,让心灵重现阳光。

卡耐基小时候经常会因为自己又宽又大的耳朵而成为同学们嘲弄的对象。有一次,班上一个叫怀特的男孩与卡耐基发生

第1章 心向阳光，让阴暗无处躲藏

了争吵，生气的卡耐基说了几句刻薄的话，怀特被激怒了，便恐吓他："总有一天，我要剪掉你那双讨厌的大耳朵。"这可把卡耐基吓坏了，他几个晚上都不敢睡觉，因为害怕自己进入梦乡以后被怀特剪掉耳朵。

童年的卡耐基就发现，自己具有与生俱来的忧郁性格。他曾向朋友倾诉：烦恼伴随着我的一生，我一直想弄明白自己的忧虑来自何处。有一天，卡耐基帮母亲摘取樱花的种子，突然哭泣起来，母亲问："你为什么哭？"卡耐基边哭边回答："我担心自己会像这种子一样，被活活埋在泥土里。"童年的卡耐基，恐惧的事情有很多：下雷雨时，担心会被雷劈到；年景不好时，担心以后没有东西吃，还担心死后会下地狱；长大之后更加胡思乱想，想自己会不会被女孩子取笑，担心没有女孩子会愿意嫁给自己。不过后来他发现，那些令自己十分恐惧的事情，大都没发生。

试想，像卡耐基这样没有自信，几乎被各种各样莫名其妙的忧虑缠绕的小伙子，最终却成为自信、乐观的心理激励大师，这是什么原因呢？因为卡耐基一直相信：如果你背后有阴影，那是因为你前面有阳光。

当然，卡耐基的乐观还来自他母亲的鼓励。他的母亲天性乐观，百折不挠。一次发生大水灾，洪水冲出了河堤，把农场的所有农作物冲得不见踪影。卡耐基的父亲用绝望的声音喊道："上帝，你为什么总是和我过不去？我什么时候才能走

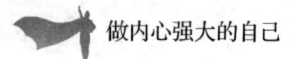

出困境？"而母亲却表现得相当镇定，她甚至哼唱着歌，将家园重新收拾好。在卡耐基的成长过程中，母亲一直对他寄予厚望，鼓励他好好读书，希望他将来做一名传教士或一名教员。

正能量提示

通常积极乐观的心态会让一个人体内的"负能量"无处藏身。而那些习惯于活在抑郁、悲观生活里的人，一点小小的烦恼对他来说都似一颗毒瘤，每天不停地生长着，最终毒瘤会化脓将他吞噬。所以，如果你不想继续败给负能量，那就先学会培养积极乐观的心态，有了这样的心态，面对再多的"负能量"也不怕。

1.换个角度看问题

有这样一个故事：一个老太太有两个儿子，一个卖伞，一个刷墙。于是，老太太天天闷闷不乐，提心吊胆，因为天晴的时候，她担心儿子的伞卖不出去；下雨的时候，她又开始发愁另一个儿子没法刷墙。后来，一位智者告诉她："要换个角度看问题，你想想，下雨的时候伞卖得最多，天晴的时候刷墙正好，什么时候都不会错的。"老太太听了，笑逐颜开，再也不担心了。

其实，人生就是这样，无论你处于什么样的境地，换个角度看问题，你就会发现我们打开了心灵的另一扇窗户，就会发现人生是美好的，而我们所遭遇的那些根本算不了什么。

2.不要被固有的思维所束缚

老师在黑板上画了一幅画,白纸中画了一个黑色圆点。老师问学生:"你们看见了什么?"全班同学一起回答:"一个黑点。"老师说:"你们只说对了一部分,画中最大的部分是空白,只见小,不见大,就会束缚我们的思维,许多人不能突破自己,原因就在这里。"很多时候,传统的思维定势会束缚我们的想象力,而以创新的思维看待问题,我们可能会有新的发现。

第2章　敞开心扉，释放消极心理

负能量，就好像是潜伏在人体内的有毒气体，需要得到有效的释放；否则，便会侵蚀人的五脏六腑，令人痛苦万分，直至跌入悬崖。然而，假如我们紧闭心门，总是自怨自艾，破罐子破摔，任凭负能量牵着鼻子走，将不可能有效地释放心中的负能量。

正能量的消耗会带来巨大的压力

"人之初，性本善。"人们在最初踏入社会时，都是怀着美好愿望的，都希望自己的能力得到发挥，抱负得以施展。但是，社会的残酷与现实打击了他们最初的信心，在正能量不断被消耗的情况下，给他们的身心造成了巨大的压力。卡耐基认为，无论是生存压力，还是工作压力，对一个人的情绪都会产生重要的影响，一旦压力来袭，情绪就会恶劣，导致容易生气、烦躁，似乎看什么事情都不顺眼，总想痛快地发泄一番。因此，那些给自己压力越多的人，他们心中的负能量就越多，致使正能量不断消失。

卡耐基的朋友毕特格是美国保险业的顶级推销员，卡耐基曾在《人性的弱点》这本书里讲述了毕特格的故事：

第2章 敞开心扉，释放消极心理

在几年以前毕特格刚开始做保险推销员时，他对这份工作充满了热情。但是，最开始的工作很不容易上手，这使得他十分悲观，信心大受打击，甚至一度想辞去这份工作。庆幸的是，在一个星期六的早晨，毕特格努力让自己平静下来，开始反思自己遭受负面情绪困扰的原因。

毕特格首先问自己："究竟出了什么问题？"很多次，当他去多方拜访客户的时候，经常搞得自己身心疲惫，但收效甚微。每次都是与顾客谈得十分融洽，可一到最后的签约环节，客户就会说："你看这样好不好，我再考虑考虑，过段时间再答复你吧。"总是不能爽快答应。每次毕特格都是白费口舌，无功而返，这使得他想起自己的推销经历就十分沮丧。

然后毕特格继续思考："有什么可行的解决办法呢？"为了寻找答案，毕特格开始反思自己的行为，并将过去12个月的工作记录作为研究对象，仔细研究其中的数据。结果令毕特格十分惊讶：在自己所卖出的保险中有70%是在第一次见面时成交的，另外23%是在第二次见面时成交的，只有7%是在他多次回访、多费口舌的情况下签下的合约。不过，让毕特格震惊的是，恰恰是最后那7%耗费了他大部分的时间和精力，他差不多把一半的工作时间都花在那7%上了。

这样一来，毕特格总结出了有价值的经验：超过两次的拜访是没有必要的，我应该将节省下来的时间用于寻找新的客户。于是，减轻了不少内心压力的毕特格开始采用新的方式，

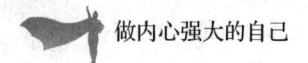 做内心强大的自己

结果业绩突飞猛进，平均每次拜访的回报几乎翻了一番。

每天，我们都面临着诸多压力，有可能是事业不顺而造成的工作压力，也有可能是感情不顺而造成的感情压力，还有可能是家庭不和谐而造成的家庭压力，对此，心理学家把这些压力统称为"社会压力"。社会压力会直接转变成心理压力、思想负担，久而久之，就会成为心结。如果这种压力长久得不到有效释放，就会越积越多，并产生巨大的能量，最终像火山一样爆发。导致的结果是，人们的情绪大变，总感觉自己活得太累，每天都不开心，脾气越来越坏，严重者甚至会精神崩溃，做出傻事。面对巨大的社会压力，关键在于自我调节、自我释放。

正能量提示

其实，最初每个人都是怀有强劲的正能量的，只是随着社会现状的残酷发展，人们在不断地消耗正能量，从而给了负能量一个可乘之机。

据一项社会调查显示，那些生活和工作条件良好、受过较高程度教育的城市人，对生活的满意度远远不如农村人，来自生活和工作的压力使他们的生活质量大打折扣。近些年来，城市人的脾气似乎越来越大，他们常常感觉到紧张、焦虑、容易愤怒，甚至在悲观时产生通过自杀得到解脱的念头。这项调查显示，虽然城市人工作的体力强度、时间都少于农村人，更注重健康的生活方式，但是城市人的精神状况却显著差于农村

第2章　敞开心扉，释放消极心理

人；同时在调查中，个人工作稳定、收入有保障被列为城市人平日最关心的问题，对工作的极度关注使得许多城市人明显觉得工作压力影响了个人健康。另外，城市的快速发展和工作的快节奏让许多城市人觉得自己似乎有点力不从心，60%左右的城市人对自己的工作状况并不满意，而且来自家庭以及婚姻的压力也让他们感到焦头烂额。

1.养成良好的作息习惯，营造良好的睡眠环境

在日常生活中，我们需要养成按时入睡和起床的良好习惯，稳定的睡眠可以避免大脑皮层细胞的过度疲劳；注意调节室内温度，睡眠环境的温度要适中；在卧室内可以使用一些温和的色彩搭配，这样，我们在一个良好的环境中自然能够放松心情，顺利进入睡眠，并保证良好的睡眠质量。

2.放松精神，舒缓压力

我们需要缓解自身的压力，比如，在睡前可以进行适量的运动，听听音乐，或者是做头部按摩运动来缓解压力；也可以进行短距离的散步。这样可以使身心都放松下来，以舒缓白天受到的社会压力。

3.给自己的压力要适当

压力有助于激发我们更强的斗志，但是，正如任何事情都有一定的度一样，压力过大就会影响正常的情绪。因此在日常生活中，我们要给自己适当的压力，只要不是太糟糕的事情，都应该学会忘记，这样一来，那些琐碎的事情就影响不到我们了。

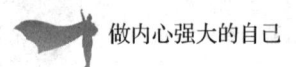 做内心强大的自己

通过正确途径释放消极情绪

卡耐基认为,假如一个人的负能量高于正能量,长此以往,这个人就会崩溃。在生活中,如果把任何事情都当成一种负担,就有可能生活在压力、痛苦、烦躁和苦闷中,渐渐地被负能量所围绕;相反,如果把一件事情仅仅当成一种习惯,习惯就会让一个人在潜移默化、不知不觉中成为自己梦想的那个人。一个人若是背着负担走路,那么,再平坦的路也会让他感到身心疲惫,最终会因为不堪生活的压力而走向不归路。但是,如果我们能平复心绪,试着把那些沉重的负担当成一种习惯,用轻松、淡然的心态去看待问题,心境便会变得澄明,所有的负能量便会缓解,负担也许会变成一种精神上的享受。我们应该记住,当自己被负能量压得喘不过气来的时候,要学会通过正确的途径释放它。

卡耐基曾讲述了一个关于汉里的故事:

汉里因为忧郁症引发了胃溃疡。有一天晚上,汉里突发胃出血,被送到芝加哥西北大学附属医院进行急救。在医院,他的体重由175磅急剧降到了90磅。汉里的病情十分严重,以至连抬头的动作都做不出来。而且,医生认为汉里的病已经无药可救,他只能靠吃苏打粉、半流质食物维持生命,每天早晚都需要护士拿着橡皮管插进胃里给他洗胃。

这样痛苦的日子持续了好几个月,终于,汉里对自己说:

第2章 敞开心扉，释放消极心理

"安息吧！汉里，要是除了等死没什么其他指望的话，还不如充分利用你余下的生命做点什么。你不是想在有生之年周游世界吗？那么如果你还有志在此，就趁现在去实现吧！"

当汉里告诉几位医生自己要去周游世界，洗胃的事情他可以自己解决的时候，医生都大吃一惊。他们警告汉里："绝不可能，这简直是闻所未闻。如果你去环游地球，那只能葬身海底了。"汉里坚持回答："不，绝不会。我答应过我的家人，我要葬在尼布雷斯卡州老家的墓地里，所以我打算让我的棺材与我同行。"

于是，汉里真的去买了一口棺材拉上船，然后和轮船公司商定，假如他死了，就把遗体放在冷冻舱里，直至回到家乡。就这样，汉里踏上了多年前就规划好的环球旅程，心里无限感慨。汉里从洛杉矶上了亚当斯总统号向东方航行的时候，心胸开阔，感觉病情已经开始好转。慢慢地，他停止了洗胃，后来他可以吃喜欢的食物，而那些都是之前医生不让他吃的东西。在几个星期之后，汉里还是好好的，还抽上了雪茄，喝几杯酒也没事。虽然在旅行的过程中，他在印度洋上碰到了季候风，在太平洋上遭遇了台风，但是他却在冒险中获得了极大的乐趣。

汉里和船员们在船上游戏、歌唱、交朋友，秉烛夜谈，甚至在一些不发达地区，汉里领悟到家里的烦心事与在那里见到的贫穷与饥饿问题比起来，简直是天堂与地狱。在那里，汉里把无聊的烦恼都抛到了脑后，感觉人生从来没这样快乐过。等

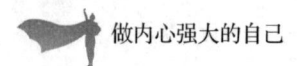

汉里回到美国后，他发现自己体重增加了90磅，甚至差点忘记自己曾经是胃溃疡患者了。那一刻，汉里觉得自己一生从来没这样健康舒适过，而且在那之后他再也没生过病。

在这里，汉里通过转移注意力去旅行来释放内心的负能量。试想，一个被医生判死刑的人在轮船上，微风荡漾，看着一望无际的大海，那种生的欲望就会涌现出来；再加上汉里本身就是一个性格开朗的人，当心放宽之后，内心的负能量就慢慢消失了，取而代之的是强大的正能量。负能量的释放，可以唤醒人内心最强劲的生命力，使得他所看到的世界都是美好的，在这样美好的世界里，自然是求生的欲望更强烈一些。于是，在医学上被称为奇迹的事情就发生了，有时候并不是医生判你死刑就没法改变，只要你抱有活着的信念，那就一定能战胜心中的负能量，从而有可能战胜病魔。

正能量提示

每个人一生中都会面临两种选择，一是改变环境去适应自己；二是改变自己去适应环境。既然负能量是潜在的，又是无法忽视的，那我们何不积极地改变自己，将各种负能量转化为推动自己前进的正能量。当然，假如我们不能把负能量转化为正能量，那也需要想办法创造正能量，这样才能面对真实的自己。

1.通过正确途径释放负能量

那些因负面情绪积聚而成的负能量就好像一颗毒瘤，如果

第2章 敞开心扉，释放消极心理

任其发展，它就会越长越大，甚至影响我们的身心健康。对此，我们要积极寻找正确的途径释放负能量，比如，转移注意力，让自己的生活变得忙碌起来，积极创造正能量以消耗负能量等。

2.负能量只有得到了合理的释放，才能转化为正能量

有些人面对心中存在的负能量选择逃避的方式，以为逃避了就可以创造出正能量。其实，只要你对负能量没有进行合理的释放，那它随时都会影响正能量的创造，而只有将潜在的负能量释放了，才能将其间接转化为正能量。

正确对待嫉妒，释放负能量

卡耐基认为，嫉妒是一种可怕的负能量。好嫉妒的人，不能容忍别人的快乐与优越。由于嫉妒心理作祟，他们会用各种方式去破坏别人的快乐与幸福，有的人用会流言蜚语来恶意中伤他人，有的人采用打小报告的方式来排挤对方。好嫉妒的人，心理既自卑又阴暗，几乎享受不到阳光的美好，也体会不到生活的乐趣。实际上，在我们每个人身上，或多或少都会存在嫉妒心理，要想避免，就应该学会正视它，才能挖掘出自己的"失败点"。嫉妒心理是人的一种普遍心理，但嫉妒心理的出现并不是不可避免的，我们可以将嫉妒心理所带来的危险降到最低，而我们需要做的第一件事就是"正视自己的嫉妒心"，从而有

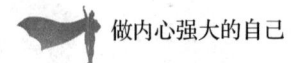 做内心强大的自己

效地释放负能量。

从前,有一位贫穷的农夫,他有一位非常富有的邻居。邻居有一个很大的院子,有一栋非常漂亮的房子,还有一辆漂亮的马车。为此,农夫对邻居十分嫉妒,心想:他一个人住那么大的房子,可我呢?一家五口人挤在一个小草房里,上天真是太不公平了!每次遇到这位邻居,贫穷的农夫都会冷漠地走开,似乎这样就可以满足自尊心。然而到了晚上,农夫就开始痛苦了,他翻来覆去就是睡不着,总想着自己哪天能住上邻居那样的大房子;或者向上天祈祷:让那位富有的邻居变得像自己一样贫穷吧!不然,自己会被嫉妒之心气死的。

后来,村子里来了一位智者。据说,他能给那些痛苦的人指引道路,从而让他们过上快乐的日子。农夫觉得自己也应该去看看,到了那里,发现已经排了很长的队伍,而排在自己前面的不是别人,正是那位邻居。农夫感到很奇怪:"这样一位富有的人也会感到痛苦吗?"过了半天,邻居进去了,农夫还在外面等着。可是,直到太阳下山,邻居还没有出来,农夫又开始嫉妒了:"上帝真是不公平,怎么智者就跟他说了这么多!"终于邻居出来了,而且脸上显露出从未有过的笑容。

农夫心中一动,急忙走了进去。智者说:"你为何而痛苦呢?"农夫回答:"我总是看我那位邻居不顺眼。"智者微笑着说:"这是嫉妒在作怪,你需要做的就是克制自己,想想自己所拥有的东西。"农夫十分生气:"智者啊,你怎么也那么

第2章 敞开心扉，释放消极心理

偏袒呢？给我的邻居那么多忠告，却只给我简单的两句话。"智者说："你一进来，我就猜到你是为什么而痛苦——贫穷所带来的嫉妒；可是那位富人进来，我只看到他殷实的外在，看不到他精神的匮乏，详细询问后才知道他的症结所在。"农夫不解："他也会感到不快乐吗？"智者说："当然。虽然他比你富有，房子比你大，但是他只有一个人，而你呢？还有贤惠的妻子和可爱的孩子。现在你想想，你所拥有的是不是他所缺乏的，这样一想，你还会痛苦吗？"听了智者的话，农夫心中释然了，他感到快乐的日子离自己不远了。

农夫的嫉妒只会让自己远离快乐，陷入痛苦的深渊，他所看见的都是表面现象，忽略了能让自己快乐的因素。于是，正能量开始不断被消耗，而负能量则在暗中大量滋长。在这样的心理状态下，他会认为凡事都是邻居好，自己似乎什么都差劲。而经过智者的点拨，他发现，原来自己身上还隐藏着一些宝藏，而这些都是那位富裕邻居所缺乏的，那还有什么嫉妒的必要的呢？

正能量提示

卡耐基告诫人们，每当我们对他人产生嫉妒之心的时候，其实已经踏进了痛苦的陷阱，因为忽略了眼前的幸福。别人所拥有的并不是适合自己的，而我们所拥有的才是最好的，至少它能够长久地陪伴在我们身边。如果你总是嫉妒他人所获得的东西，最后你会发现，自己什么也没有得到，反而徒增了许多烦恼。

嫉妒源于不如人的状况。一个人若是被人嫉妒，会产生一种精神上的优越和快感；一个人若是嫉妒别人，只会透露自己的懊恼、羞愧，打击自信心。所谓"学到知羞处，才知艺不精"，当你嫉妒一个人的时候，是否意识到自己的短处呢？古人云："临渊羡鱼，不如退而结网。"不要对他人产生嫉妒，而要化嫉妒为力量，自觉地将"恨"转化为"拼"，自强不息，让自己得到真正的进步！

一旦被抱怨侵袭，就会陷入不快乐中

抱怨是让人上瘾的麻醉剂，感恩是一种精神上的宝藏。有两个人看着同一枝玫瑰，一个说："花下有刺，真讨厌！"另一个却说："刺上有花，真好看！"前一个人挑出毛病，盯着不放，所以，在他的生活中充满了抱怨，他注定是不快乐的；而看到花的人，因为怀着一颗感恩的心，尽管刺扎手，但是闻到了刺上花朵的芬芳，所以，他能感受到幸福和快乐。对此，卡耐基作了这样的分析：这两个人代表了生活中的两类人，同样是面对生活，一类人心中充满了抱怨，另一类人却充满了感恩。抱怨者怀着满腹牢骚，这样不仅解决不了任何问题，而且

会增加许多不必要的沮丧和烦恼,即使遇到了幸福,可能福也会变成祸;感恩者用心去体味生活,在他看来,生活中处处是阳光,即使遇到了祸,也能变成福。所以,放下心中的抱怨,长存一颗感恩的心,你就会发现自己更好运了。

麦克是快餐店里的一名普通员工,他每天的工作简单而枯燥,需要不停地做许多相同的汉堡。虽然这份工作看起来没有什么新意,但是麦克却感到十分快乐。无论面对多么挑剔或尖酸的顾客,麦克都给予其满怀善意的微笑,而且多年来一直如此。麦克那发自内心的真挚快乐,感染了许多人。同事有时候会忍不住问他:"为什么你对这种毫无变化的工作感到快乐?到底是什么让你对这份工作充满了热情呢?"麦克回答道:"每当我做好了一个汉堡,就想到一定会有人因为汉堡的美味而感到快乐,这样,我也就感到了自己的作品所带来的成功,这是一件多么美好的事情啊!因此,每天我都感谢上天给了我这么好的一份工作。"

或许正是麦克那种感恩的心理,使得那家快餐店的生意越来越好,名气也越来越大,最后,麦克的名字传到了老板的耳朵里。没过多久,麦克就荣升为快餐店的店长,他更感激自己能拥有这份令人快乐的工作了。

有人常常抱怨:"幸福敲响了别人家的门,好运也被别人抢走了,只有我是最可怜的。"那么当一个人在抱怨的时候,是否意识到一切抱怨都是内心的负能量在作祟呢?负面情绪潜藏在心底,才会让我们不自觉地发怒,抱怨生活的不公。若是想赢得幸福,抓住好运,就需要驱逐内心的负能量,所谓知足才能常乐;相反,越是不知足,越是苦恼,心中的负能量就越积越多。学会知足,我们才不会因生活中的琐事而耿耿于怀;学会知足,我们才不会因生活的烦恼而忧心忡忡。只有知足常乐,方能靠近幸福。

可能每个人的生活都充满了太多的抱怨,甚至突然发现自己几乎成了一个"怨妇"或"怨夫"。有可能是生活中的一丁儿点不如意,就点燃了内心那些莫名的怒火和怨气。而在抱怨的过程中,脾气越来越暴躁,内心越来越不安,心情越来越糟糕,整个人陷入了抱怨的恶性循环。往往对一件小事的怨气会转移到其他一些事情上,而对其他事情的抱怨又会导致更多的抱怨;自己的抱怨会招致家人和朋友的抱怨,而家人和朋友的抱怨又会招致自己更多的抱怨,如此无限循环,周而复始,生命也将在抱怨中画上句号。

正能量提示

卡耐基说:"抱怨就好比口臭,当它从别人的嘴里吐露时,我们就会注意到;但从自己的口中发出时,我们却充耳不闻。"想想自己身边那些喜欢抱怨的人,他们身上似乎有着祥林嫂的影子,再回想自己的生活,是否也在抱怨呢?如果发现自己正陷入抱怨的泥潭,一定要保持警惕并拒绝抱怨,快乐地活在当下。

1.远离抱怨

许多人都喜欢抱怨，好似祥林嫂一样，逢人便哭诉自己的不幸，久而久之便形成了一种习惯。人们常常把抱怨当作一种宣泄的方式，由于内心苦闷积压太深，没有办法得到排解，于是向家人或朋友"宣泄"，开始无休止地抱怨。对于这样的情况，心理学专家警告："抱怨是毒品，要远离抱怨，快乐地活在当下。"有人这样说："抱怨看起来像毒品，虽能获得暂时的快感，但最终却能要了你的命。"的确，抱怨多了，抱怨的时间久了，自然就会上瘾。最关键的是，抱怨还会伤害自己的朋友或家人。

2.用感恩代替抱怨

习惯于抱怨的人，即使福到了，也会变成祸；心怀感激的人，哪怕祸来了，也会变成福。萧伯纳说："一个以自我为中心的人，总是在抱怨世界不能顺他的心。"如果一个人的心灵总是被抱怨占据，那么，即使面对再好的东西，他也会从中挑出骨头来。所以，抱怨永远是个负能量，要想人生处处充满阳光，就应该以感恩代替抱怨，放弃抱怨，停止抱怨，以积极的心态面对生活，面对世界。

第3章　唤醒觉知力，激发心理自愈的本能

觉知，就是人们知道自己的身体一次一动一停的状态，只知道动和知道停都不构成一次觉知。在生活中，我们需要唤醒潜伏在体内的觉知力，激发出正能量，这样才能制止负能量的滋长，从而使正能量得到最大限度的发挥。

烦恼皆自找，庸人自扰之

卡耐基认为，人们之所以缺乏正能量，就是因为没有摆正心态，庸人自扰而造成的。有的人杞人忧天，遇到一点点小事就开始胡思乱想，最终那些想象的事情把自己吓坏了。这就是人们常说的庸人自扰。本来生活中并没有那么多烦恼，就是因为心中的忧虑导致了许多烦恼的产生，使自己终日沉浸在焦虑中，每天过得心惊胆战。成功学大师卡耐基认为，其实有时候，需要我们看开一些，不要把任何人任何事情都想得那么糟糕，留一份快乐在心中，那样就会赢得整个人生。那些快乐的人，他们口袋里装满了祝福；而那些疲惫的人，他们口袋里装满了指责。一路上他们同行，快乐的人把那些不必在意的负担丢掉了，而疲惫的人却选择了丢掉祝福。所以，快乐的人感觉越来越轻松，而疲惫的人感觉越来越累。因此生活中，我们都

要做快乐的人,千万别庸人自扰。

卡耐基在《人性的弱点》这本书中讲述了里奇费尔先生的一个故事:

1942年,日本侵略军侵占上海,里奇费尔先生当时在中国做生意。日军在偷袭珍珠港之后不久,就占领了上海。当时,里奇费尔是上海亚洲人寿保险公司的经理。不久,日军派来一个所谓的"军方清算会计",也就是一个海军军官,他命令里奇费尔帮助他清查公司的财产。在这种情况下,里奇费尔面前只有两条路,要么和他们合作,要么等待被杀。

实在找不到其他办法,里奇费尔只好照办。不过,他没有把一笔75万美元左右的保险费列在清单上,因为这笔钱属于香港分公司,跟上海公司无关。仅仅隐瞒了这一件事,里奇费尔还是很恐惧,他担心万一日本人发现这件事会令自己性命不保。

果然,这件事很快就被日本人发现。当时,里奇费尔不在办公室,在场的同事后来告诉里奇费尔说,日本海军军官在办公室里大骂他"小偷、叛徒",还声称他侮辱了日本皇军。听到这样的话,里奇费尔觉得自己被抓进宪兵队是绝对的事情了。当时的宪兵队就是日本秘密警察的刑讯处,里奇费尔深知这个地方的恐惧。因为之前他有几个朋友在那里被审讯了十天,结果都受尽酷刑而死;另外几个朋友宁愿自杀也不愿意去那里,现在似乎轮到自己了。

越想越害怕,要是没有什么有效的解决办法,里奇费尔知道自己性命将不保。不过，里奇费尔还算是一个头脑清醒的人，他开始自问自答：我忧虑的是什么？担心的是自己明天早上会被抓进宪兵队。我该怎么办呢？要么向这位海军军官解释这件事，不过那个人似乎不懂英文，若由翻译来解释这件事，可能会令他生气；如果他脾气很暴躁，那肯定来不及听自己解释，就会把自己丢进宪兵队，那样自己就只有死路一条了；想办法逃走，这几乎是不可能的，因为自己的行动处于日本人的监控之下，每天进出都需要检查，一旦逃走被抓，那肯定不容自己辩解，直接处决；躲在家里不上班，这样反而会让日本人怀疑自己真的做了什么事情，结果也是被送进宪兵队；正常上班，这样那位日本海军军官说不定会因为工作忙而忘记自己的事情，就算他还记得，估计已经冷静了下来，假如他想追究责任，自己也还有机会向他解释这件事。思考了半天，里奇费尔决定走最后那条路。

于是，第二天，他还是像往常一样走进办公室，结果看到那位海军军官坐在那里抽烟，只看了他一眼，什么也没说。六个星期之后，那位海军军官被调回了东京，这件事也就不了了之了。

在生活中，不只是里奇费尔会有这样的烦恼，每一个人都会这样想。人的天性都比较敏感，因为有思想，所以才能思考，但想得太多，又会把那些简单的事情复杂化，从而给自己带来一些不必要的心理压力。当你过于在意某一件事情时，反而会因为弄巧成拙而做不好；反之，你用平常心来对待这些事情，就会发现它们简直微不足道。在桌面上有一张白纸，上面有一个小黑点，正常情况下，黑点根本没有影响白纸的干净，但假设你使用了放大镜，那白纸就显得很脏了。讽刺的是，在实际生活中，绝大多数人都会拿着放大镜。所以，凡事需要摆正心态，积聚正能量，不要庸人自扰。

正能量提示

天下本无事，庸人自扰之。那些自己让自己担忧的人只能被称为庸人。他们既不是强者，也不是智者，也许有人会问，难道那些所谓的强者或智者就没有烦恼吗？当然不是，强者或智者同样有烦恼，有时候也会做庸人自扰的事情。但是，他们与庸人的区别在于：强者或智者会尽量化解那些烦恼，不让它们困扰自己；而庸人则只会沉浸在自扰的旋涡中，不断地沉沦下去。一个人应该努力去积聚正能量，让自己成为生活的强者，成为人生的智者。

1.不为琐碎事情而烦恼

画家张大千先生留着很长的胡须，平时说话的时候，总用手捋着胡须，样子十分和蔼可亲。有一次，一位朋友问他晚上睡觉胡须怎么放，结果那天晚上，他为了合适地安放自己的胡须而彻夜未眠，因为不知道该把自己的胡须放在哪里才好。那些平常都不会担心的事情，怎么一在意就出问题了？其实，你

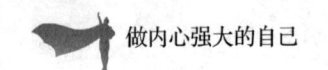

越是为琐碎事情而烦恼,你内心的负能量就会在无形中滋长得越疯狂,与其让自己越来越糟糕,还不如努力去积聚正能量。

2.摆正心态,其实就是创造正能量

庸人为什么会自扰呢?其实,理解起来很简单。在某些时候,他们把现实中的问题看得很大,而把自己看得很小,以为自己遇到了难以解决的问题,所以陷入了自扰。即便是遇到了鸡毛蒜皮的事,往往也会担心得无所适从,不知道怎么办才好。每个人生活在这个世界上,每天都会碰到一些烦恼的事情,这是很正常的,关键看你如何去对待。假如你以平常心对待,那小事就是小事,而且很好解决;如果你放大了小事,那就真变成大事了。所以,无论你遭遇了什么,都要积极主动去面对。满怀信心,摆正心态,其实就是创造正能量。记住,努力就好,不要为没有发生的事情而担忧。

既然无法改变,就坦然接受

卡耐基说:"人生充满变数,有时候我们可以通过主观能动性加以改变,有时候人力难以胜天,即使努力了,也还是无法改变、不可避免,后一种情况下我们就必须承认事实,保持积极乐观的心态。"在卡耐基小时候,有一次,他跟伙伴在阁楼上玩,并大着胆子往下跳,结果卡耐基左手食指上的戒指钩住了一根钉子，整根手指被拉脱了。当时，卡耐基被吓坏了，尖叫着。不过等他伤好了，他便想：烦恼有什么用呢？那根手指总之是变不回来了，还不如接受现实。直到过去很久，卡耐基几乎忘记了自己左手只有四个手指的事情。于是，他得出了这样的结论：一个人在不得已的时候，几乎可以接受任何已经发生的事情，并调整自己的心态，对痛苦的记忆选择性地遗忘，而且速度惊人。

1832年，毕业于哈佛大学的亚伯拉罕·林肯失业了，这令他感到很难过，他下定决心要成为政治家，去当一名州议员。但糟糕的是，他在竞选中失败了。在短短的一年里，他遭受了两次打击，这无疑是痛苦的。接着，林肯开始自己创业，他开办了一家企业，可是还不到一年，这家企业就倒闭了。在这之后的17年里，林肯都在为偿还企业欠下的债务而奔波劳累。

然而，人生的逆境好像永远没有结束的那一天。1835年，亚伯拉罕·林肯与漂亮的木婚妻订婚了，但离结婚的日子还差几个月的时候，未婚妻却不幸去世。林肯心力交瘁，几个月卧床不起，没过多久就患上了精神衰弱症。1838年，林肯觉得自己身体好了些，便决定竞选州议会议长。但是，在这次竞选中他又失败了。再接再厉的精神鼓舞着林肯，1843年，林肯参加竞选美国国会议员，这次他所面临的依旧是失败。但是，林肯却一直没有放弃。1846年，林肯参加竞选国会议员，这次他终于当选了，但两年任期过去，林肯面临着又一次落选。不过，

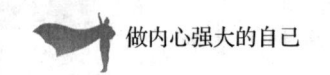

林肯并没有服输。1854年,他竞选参议员失败,两年之后又竞选美国副总统提名,但是却被对手打败,再两年之后又参加竞选,还是失败了。无数的失败并没有让林肯放弃自己的追求,1860年,亚伯拉罕·林肯终于当选为美国总统。

在遭遇那么多的挫折之后,林肯为什么一次次坚持了下来?那是因为不管得到多么糟糕的结果,他都能坦然接受。因为他知道只有接受事实,才有机会去改变能改变的一些事情。就算是正能量耗尽了,也不要放弃,而要想办法去创造。

正能量提示

卡耐基最令人欣赏的一句话是:乐于接受不可改变的事实,是战胜随之而来的任何不幸的第一步。人生漫长的旅途肯定不是一帆风顺的,总会遭遇挫折或困难,如果它们已经不可避免地发生了,不妨坦然接受,并努力去适应,这样我们才能制止负能量的产生,从而积聚更多的正能量。

1.勇于接受磨难

卡耐基说:"勇于面对生活的种种磨难和悲剧,我们就能战胜它,并最终走出悲伤的阴影。我们内心的强大力量,远远超出我们的想象,只要我们善于利用,它就能帮助我们战胜一切忧虑和悲伤。"塔金盾先生在双目失明之后,还乐观地说:"视力的丧失对我影响有限,就算是我丧失所有的感觉,也还能生存在思想里。无论我们是否知晓,其实人类只有在思想里才能看、才能生活。"为了治好眼睛,他在一年内接受了12次手术,而且在手术时他会坦然地说:"太好了,科学昌明到已经能给眼睛这么小而复杂的器官动手术了。"

2.时刻保持理性,积聚正能量

卡耐基曾经养过12年的牛,还从未见过哪一头牛因为风暴、干旱、寒冷,或者是求偶不成而放弃努力。对此,卡耐基认为,动物们总能坦然面对自然界的恶劣环境,恰恰因为这样,它们才不会遭受精神疾病或胃溃疡的困扰。当然,卡耐基也表示,接受那些不能改变的事实,并不是提倡遇到挫折和不幸就坐以待毙,那样只会令自己走入宿命论的误区。在无法改变的事实面前,只要还存在一丝希望,我们就应该保持理性,积聚正能量,全力以赴去扭转现状。

不为琐事而烦忧

卡耐基认为,在现实生活中,许多人都会为日常琐事而烦恼。其实,人活在这个世界上只有短短几十年而已,浪费太多的时间去忧虑那些在很短时间里就能忘记的小事太不值得。确实,生命太过短暂,特别是当我们步入中年以后,那种早上睁开眼、转眼间就是黄昏的感觉令人无比恐惧。当你想着在生活中有那么多等待我们去欣赏和感受的美好事物时,就没有什么

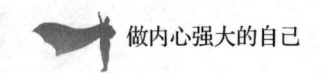

时间和精力去为那些琐碎的事情而烦恼了。

对此，卡耐基讲了这样一个故事：

1945年3月，罗勒·摩尔和其他87位军人在贝雅·SS318号潜艇上。当时他们的雷达发现一支日本舰队朝他们开来，于是他们就向其中的一艘驱逐舰发射了三枚鱼雷，但都没有击中。当他们准备攻击另一艘布雷舰的时候，这艘布雷舰突然掉头向潜艇开来（是一架日本飞机看见这艘位于60英尺深的潜艇，用无线电告诉了这艘布雷舰）。他们立刻潜到150英尺深的地方，以免被日方探测到，同时也准备应付深水炸弹。他们在所有的船盖上多加了几层栓子；同时为了保持安静，他们关闭了所有电扇、冷却系统和发动机器。

3分钟之后，突然天崩地裂。6枚深水炸弹在他们的四周爆炸，将他们直往水底压至深达276英尺的地方，把他们吓坏了。根据常识，如果深水炸弹在离潜艇17英尺之内爆炸的话，差不多在劫难逃。那艘布雷舰不停地往下扔深水炸弹，攻击了15个小时，其中有十几个炸弹就在离他们50英尺左右的地方爆炸。他们都躺在床上，保持镇定。但罗勒·摩尔却吓得不敢呼吸，他在想："这回完蛋了。"在电扇和空调系统关闭之后，潜艇内温度升到近40度，但摩尔却全身发冷，穿上毛衣和夹克衫之后依然发抖，牙齿打战，身冒冷汗。

15个小时之后，攻击停止了，显然那艘布雷舰的炸弹用光以后就离开了。这15小时的攻击对摩尔来说，感觉上就像有15

年。他过去的生活都一一浮现在眼前,他想到了以前曾担心过的一些无稽的小事。

在加入海军之前,他是一个银行职员,曾经为工作时间长、薪水太少、没有多少机会升迁而发愁;他也曾为没有办法买自己的房子,没有钱买部新车子,没有钱给妻子买好衣服而忧虑;他非常讨厌自己的老板,因为这位老板常给他制造麻烦;他还记得每晚回家的时候总感到非常疲倦和难过,常常跟妻子为了芝麻大的事而吵架;他也为自己额头上的一块小伤疤发愁过。

多年以前,那些令人发愁的事看起来都是大事,可是在深水炸弹威胁着要把他送上西天的时候,这些事情又是多么荒唐、渺小。就在那时候,摩尔发誓,如果他还有机会见到太阳和星星的话,就永远不会再忧虑。他认为在潜艇里那可怕的15小时里所学到的,比他在大学读了四年书所学到的要多得多。

讲完这个故事之后,卡耐基给我们提出了这样的心灵法则:生命太短暂,不要再为小事烦恼;当我们害怕被闪电击倒,怕所坐的火车翻车时,想一想发生的概率,我们就会发笑;要懂得闲暇时抓紧,繁忙时偷闲;对必然的事坦然接受,就像杨柳承受风雨,水接受一切容器一样;如果我们以生活来支付烦恼为代价,我们就是傻瓜;当你开始为那些过去的事而烦恼时,你应该想到这句谚语:不要为打翻了的牛奶而哭泣。

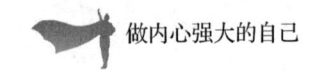

正能量提示

摩里斯说:"我们常常被生活中一些莫名其妙的小事弄得心烦意乱。人生在世,不过匆匆几十年光阴,我们应该把有限的生命投入到有意义的事情上,去为伟大的思想、真挚的感情和真正的事业奋斗,而不是浪费在那些一年之内就会忘得一干二净的小事上。"生命太短暂,不该为琐事而虚度光阴。

1.在小事上忧虑会滋生更多的负能量

卡耐基认为,在小事上忧虑会让一个人心中滋生更多的负能量。比如,在平常的夫妻生活中,假如经常发生一些琐事,同样会让人精神崩溃,为小事而忧虑,造成夫妻不和。纽约州的检察官霍根说:"一半以上的刑事案件都是由琐事引起的:在酒吧里逞强、家庭中的争吵、侮辱性的语言、粗鲁的行为等。正是这些小事,引发了更大的争斗甚至关乎人命。人性本善,其实很多人生悲剧,最初只是因为自尊心、虚荣心受到了一点点伤害,却造成了世界上超过一半的伤心事"。

2.与其为小事而烦恼,不如享受小事带来的美好

其实在这个世界上,任何事情都有两面性,当你觉得小事很烦恼的时候,那是因为你只看到了事情不好的一面。假如你有一双善于发现美好的眼睛,即便是一件小事也可以让你感受到快乐和满足,从而为自身提供更多的正能量。

第3章 唤醒觉知力，激发心理自愈的本能

积极乐观，本身就是一种正能量

卡耐基认为，乐观本身就是一种正能量。在任何时候，只要你保持乐观的心态，那心中的正能量就会源源不断地释放出来。当灾难从天而降的时候，人们总会有两种截然不同的心态：一种是感觉天塌下来了，什么都完了，除了抱怨还是抱怨，似乎自己的整个生活都被不幸吞噬了；另一种则心态乐观，他们甚至会将那些灾难和不幸当作朋友，最后真的在磨难中有所得，并赢得人生的一笔财富。前者是拥有消极心态的人，在不幸遭遇面前，只会斗气、抱怨；后者是拥有乐观积极心态的人，总是将生活的不幸当朋友一样看待。所以，当不幸来临时，乐观积极的心态是一个人战胜艰难困苦，走向成功的助推器。

大山里有一个悲惨的男孩，在他10岁时母亲就因病去世了，父亲是一个长途汽车司机，长年不在家，没有办法照顾他。于是，自从母亲去世后，小男孩就学会了自己洗衣、做饭，照顾自己。然而，上天似乎并没有眷顾他，在男孩17岁的时候，父亲在工作中因车祸丧生。在这个世界上，男孩没有什么亲人了，也没有人能够依靠了。

可是对于男孩来说，人生的噩梦还没有结束。男孩走出了失去父亲的悲伤，外出打工，开始养活自己。不料，在一次工程事故中，男孩失去了左腿。惨遭人生的挫折，男孩并不抱怨，也不生气，反而养成了乐观的性格。面对随之而来的生活不便，男孩学会了使用拐杖，有时候不小心摔倒了，也从来不愿请求别人的帮忙；同时，他还从事着一份简单的工作。

几年过去了，男孩将自己所有的积蓄算了算，正好可以开个养殖场。于是，他开了一个养殖场，但老天似乎真的存心与他过不去，一场突如其来的大火，将男孩最后的希望都夺走了。

终于，男孩忍无可忍，气愤地来到了神殿前，生气地责问上帝："你为什么对我这样不公平？"听到男孩的责骂，上帝一脸平静地问："哪里不公平呢？"男孩将自己人生的不幸，一五一十地说给上帝听。听了男孩的遭遇后，上帝说道："原来是这样，你的确很悲惨，失败太多，但是，你为什么要活下去呢？"男孩觉得上帝在嘲笑自己，他气得浑身颤抖："我不会死的，我经历了这么多不幸，已经没有什么能让我害怕，总有一天，我会凭借自己的力量，创造出属于自己的幸福。"这时上帝笑了，温和地对男孩说："有一个人比你幸运得多，一路顺风顺水，可是最后遭遇了一次失败，失去了所有的财富。不同的是，失败后他就绝望地选择了自杀，而你却坚强、乐观地活了下来。"

人生的不幸磨炼着男孩坚强的性格，生活的失败铸就了男孩积极乐观的心态。遭遇事业的失败后，男孩忍不住了，责问上帝为什么对自己这样不公平。这样的行为，似乎在大多数失败者身上都能看到，每每遇到人生不如意的时候，他们总是质问:"老天,为什么我总是不幸的,为什么对我这样不公平?"在上帝的启发下,男孩明白了。即使失去了所有,他也没有退缩,或许真的就如他自己所说的那样,总有一天,他会凭借自己的力量,创造出属于自己的幸福。

正能量提示

那么,怎样才能为自己找到正能量呢?其实,卡耐基已经道出了答案,那就是保持乐观的心态。积极乐观的心态,可以为正能量提供源源不断的能源,就好像是一个巨大的发电机,会促使我们更加勇敢地向前走。

1.乐观的心态会助你走向成功

罗斯福在参选总统之前被诊断出患了"腿部麻痹症",医生对他说:"你可能会丧失行走的能力。"听了医生的宣判,罗斯福没有灰心,反而乐观地说:"我还要走路,而且我还要走进白宫。"对于一个拥有乐观心态的真正强者而言,人生的一点小挫折、小失败并不算什么,罗斯福最终走进了白宫,成为美国最伟大的总统之一。乐观的心态总会让我们在磨难中迅速成长,最终采摘成功的果实。

2.不再悲观,摆脱负能量

据心理学家观察,长时间的悲观心态,会让一个人感到失望、丧失心智;若是长时间生活在阴影里,也会变得死气沉沉。有些小小的烦恼,一旦开了头,就会渐渐地变成比原来多很多的烦恼。对于悲观心态的人而言,那烦恼就好像是心中长了一颗毒瘤,生活中不如意的事情总是让他们备受煎熬。其实,悲观心态给我们生活带来的影响是巨大的,一个有着悲观心态的人,不管是工作还是生活,都没办法获得成功,因为悲观的心态会成为他成功路上的绊脚石。所以,我们不要再沉浸在悲观中,而是要勇敢地摆脱负能量。

第4章　积聚正能量，享受生活的快乐

一个人只要保持快乐的心情，就会缔造属于自己的天堂。卡耐基认为，错误的情绪往往比陷入失败的境地更加可怕。因为你的失败只是暂时的，而错误的情绪会一直跟随你，总是让你陷入失落的感情旋涡里，苦苦挣扎却无济于事。

遭遇挫折，别一蹶不振

卡耐基认为，在许多人看来，挫折只会给我们带来负能量，因为它会令一个人变得一蹶不振。其实并不是这样，在挫折的磨砺下，我们会变得更勇敢，甚至激发出体内的正能量。人生的路途不会永远是一帆风顺的，总是充满了荆棘和坎坷。如果你在人生的挫折面前选择逃避，那么你就永远错过了成功的机会。一个人要学会和挫折做朋友，这样才会发觉它并没有那么可怕，也就会鼓起勇气去战胜它。人生之初是一张白纸，而挫折是白纸上的点缀，当你走完了一生，再回过头来，你会发现正是那些挫折才让你登上了成功的顶峰，才让你的人生变得十分精彩。

卡耐基的课程受到了广泛的欢迎，也赢得了很高的声誉。但并不是所有人都认为卡耐基的课程是十分有效并很实用的，在卡

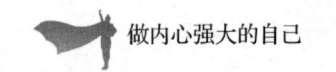

耐基课程不断发展的同时，也遭到了一些人的非议和责难。

卡耐基在青年会夜校的课程非常紧张，他无心兼顾身外的任何事情，哪怕是路边的一个行人。于是，卡耐基把自己的全部精力投入到夜校里的"卡耐基课堂"。为了使自己的课堂有所创新，让自己的课程形成一个比较清晰的内容体系，他便着手来策划，以致有一个晚上太忙就停课了。当时那些学生很不满，闹到青年会的新主任那里。那位中年妇女主任毫不客气地教育卡耐基："先生，你必须记着'你的课程，学生们并不怎么满意，你不能如此懒惰，不要以为你现在能拿到30美元一个晚上就很了不起！'明天，我就可以让你永远告别青年会，如果你不能勤奋工作的话！"

面对这样的警告，卡耐基并没有生气，他只是平静地接受了因自己不上课导致学生不满的事实，他明白问题出在哪里，也明白应该怎么办。后来当他再一次踏进教室开始讲课时，有学生公然指出："戴尔·卡耐基先生，你说的一切都与怎样演说无关，我们不需要心理医生，只需要一位充满机智的教师，而不是像你这样只会胡说八道。"下面的学生开始吹口哨，同时拍桌子闹了起来。卡耐基手足无措地站在那里，这时那位妇女主任来了，喝令卡耐基结束了青年会的授课。于是，卡耐基狼狈地离开了青年会，他心里明白除了接受既成事实以外，没有别的办法。可是，他不甘心自己试图创立的事业如此夭折。他开始到图书馆查阅资料，为自己的课程做些准备，后来在一位朋友的帮助下重新开始了卡耐基课程。

每当陷入困境,卡耐基就会想起曾经使奥斯勒终身受益的一句名言:"我们最重要的工作,并非在眺望遥远的、朦胧的事物,而是实行的、明确的工作。"虽然,卡耐基因为课程遭到非议,最终离开了青年会,但是,卡耐基用自己的能力克服了暂时的挫折,又通过课程确立了自己的事业,并且越干越好,最终走向成功。

正能量提示

卡耐基在生活和工作中遭遇了很多挫折,但是每一次他都凭着顽强的精神斗志从挫折中站立起来,迈向新的生活。实际上,卡耐基成功的历程就是战胜困难和挫折的历程。他在面对生活和工作挫折的时候,并没有退缩,而是以一颗乐观的心去对待,因为他觉得正是这些挫折才使得他取得如此巨大的成功,才使他的生活充满了精彩。

1.学会接受已经发生的事实

在我们的日常生活中,或许也会遭遇像卡耐基一样的挫折。这时候,就要学会接受已经发生的事实,这是克服任何挫折的第一步;然后再寻找可以解决的办法,让自己从挫折中站立起来。有的人时常在想,假如有一天我失去工作了怎么办?假如有一天我老了怎么办?假如有一天我失去健康了怎么办?假如有一天孩子不能成才怎么办?假如有一天所有的亲朋好友

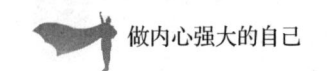

都对我不友好怎么办？我们暂且不说那一天是否会到来，但需要关注的是，现在这样的担心只会让自己陷入更严重的焦虑中。

2.挫折让人生变得更精彩

人生中的挫折并不可怕，重要的是你是否有战胜它的信心。当我们面对挫折时，要用自己身上的正能量去征服它，你笑得越灿烂，它就越怕你，当你自信满满地从它身边经过时，它就会不战而退。有一天当你回首往事，你会发现正是那些挫折才让你的人生丰满起来，才让你的生活充实起来。人生不会因为挫折而一蹶不振，而是因为挫折才充满了精彩。这是卡耐基的成功之道，也是每个人的幸福之道。

若只有柠檬，就做一杯可口的柠檬汁

卡耐基说："如果只有柠檬，就做杯柠檬汁。"这差不多是创造正能量的开始。当你第一次尝到柠檬，那酸入心脾的味道一沾上舌尖，你立即就会龇牙咧嘴忙不迭地吐出来。卡耐基认为，如果命运交给你一个酸柠檬，你得想办法把它变甜。柠檬是又苦又酸的，难以下咽，可是如果你把它榨成汁，加上糖，倒进蜂蜜，就变成了味道很好的柠檬汁。虽然生命给了我们酸苦，但是我们可以让它变得甘甜。悲观的人不幸拿到柠檬，就会自暴自弃地说："我垮了。这就是命运，我连一点机会都没有了。"然后他就开始诅咒这个世界,整日沉溺在自怜之中。而乐观的人拿到一个柠檬的时候,就会说:"从这不幸的事件中,我可以学到什么呢?我怎样才能改善我的情况,怎样才能把这个柠檬做成一杯可口的柠檬汁?"所以,寻找正能量的人,要学会把自己手中的柠檬做成一杯可口的柠檬汁,那样自己的人生就会充满甘甜和愉悦。

有一位美国农夫,他经过多年工作的努力,终于用所有积蓄买了一块价格便宜的田地。可是他买完地之后,心情就十分低落。因为他买的那块土地非常贫瘠,不适合种植任何农作物,甚至连粮食都长不出来。除了一些矮灌木和响尾蛇,其他什么东西也无法存活在这块土地上。

他整日为这件事忧虑着,后来想到了一个主意,能把这个负担变为资产,挫折变为机会。于是,他不顾身边人诧异的眼光,开始捕捉这块土地上的响尾蛇,又去买了些机器来生产响尾蛇罐头。这样几年之后,他的农庄变成了当地十分有名的观光景点,每一年平均就有两万名观光客前来参观。

后来,这位美国农夫的生意越做越大。他把响尾蛇的毒液送往实验室制造血清,而响尾蛇的蛇皮则以高价售出,用来生产鞋与皮包,然后再把蛇肉装罐卖到世界各地。于是,他们村的邮戳都改为"佛罗里达州响尾蛇村",以示对这位把"酸柠檬榨成甘甜柠檬汁"的农夫的尊敬。

那位美国农夫看见自己用所有积蓄购买的土地一片荒芜的

时候，并没有马上放弃它，而是思考怎么把这一片贫瘠之地利用起来。于是他针对土地上盛产响尾蛇这样的特点，开始制造罐头，还把响尾蛇的毒液、蛇皮都利用起来，最终使自己取得了巨大的成功。开始上天只是给了他一个酸柠檬，但是他却没有因柠檬的酸苦就扔了它，而是思考怎么把一个酸柠檬榨出可口的柠檬汁，以此来创造正能量。最后，他不但把酸柠檬榨出了甘甜的柠檬汁，还榨出了比原来更多的柠檬汁。他的成功主要在于他的心态——乐观、积极向上。

正能量提示

卡耐基说过："真正的快乐不见得是从享乐中得到的，它多半是从征服困难的过程中获得的。"的确，生活中的快乐并不都来自享乐，还有一部分来自一种挑战挫败的成就感，一种超越挫折的胜利，一次将命运的酸柠檬榨成可口柠檬汁的过程。如果你在寻找正能量，那就要学会给自己的生活增添一些快乐，将酸柠檬变为甜柠檬汁，时刻以乐观的态度面对挫折，从而找到开启快乐王国大门的钥匙。如果你只是顾影自怜，即使你住在美丽的城堡里，恐怕也难以快乐起来。

1.变磨难为积极向上的正能量

北欧有一句谚语："冰冷的北极风造就了强盛的维京人。"上天把冰冷的北极风给了维京人，但是聪明的维京人并没有因为北极风就丧失了生活的方向，而是更好地把北极

风利用起来，增加自己的正能量，所以才变得十分强盛。当面对生活中的一些困难的时候，悲观的人只会怨天尤人、自暴自弃，甚至一蹶不振，所以失败总是紧紧地跟着他们；而乐观的人却思考怎么把一些不利的条件转为有利条件为己所用，所以他们往往能够登上成功的宝座。

2.时刻保持良好的心态

在生活中，我们要时刻保持乐观的心态，这样才会使自己的每一天都充满快乐。拥有乐观、积极向上心态的人，通常能够取得工作中的成功，获得生活中的幸福。因为他们在面对工作和生活中的一些困难或者挫折时，都能够以一颗平和的心去对待，而不是选择放弃，他们会把上天给的酸柠檬榨成一杯甘甜的柠檬汁。

充分享受生活的快乐，感受生命的真谛

卡耐基说："如果你每天有足够的新鲜水可喝，有足够的食物可吃，就不要再抱怨任何事情。"快乐就在于开阔心胸，享受生活，这样才能获取正能量。也许我们在生活中会面对一些让自己烦躁的事情，可是想想只要还能吃饱喝足，人生就是幸运的。不要用自己心里的放大镜放大每一个不幸，这样只会让你觉得自己是世界上最悲惨的人。抱有这样的心理只会让自

己对生活失去信心，失去自信，也终将在悲惨中度过一生。其实不幸与幸运只有0.01毫米之差，聪明的人总能把自己的不幸转化为幸运，这当然并不是什么魔力，只是一种心态。所以，无论你的生活遭遇了什么变故，都要敞开心胸，学会享受生活，感受生活的乐趣。

卡耐基曾给人们讲述了这样一个故事：

波姬·戴尔是一位眼睛有残疾的女人，她只有一只满是疮疤的眼睛，且只能靠眼睛左边的小洞来观察这个世界。而当她看书的时候，她必须把书贴近脸，然后努力使眼睛往左边斜。虽然她的眼睛是这个样子，但是她拒绝别人的怜悯，而是靠自己的心情来享受生活的快乐。

小时候，她渴望跟其他孩子一样玩跳房子，但是由于眼睛的原因，她看不见地上的线。于是，她等伙伴们都回家后，自己一个人趴在地上，将眼睛贴到线上看来看去，并且牢牢记住玩的地方。不久之后，她就成了玩跳房子的高手。读书时期，她把大字印的书紧紧贴在自己的脸上，艰难地学习着。但谁也没有想到，她凭着坚韧的毅力，获得了明尼芬达州州立大学学士学位和哥伦比亚大学硕士学位。

完成学业之后，她开始了自己的教书生涯。通过努力，她不但成为文学教授，工作之余还在一些妇女俱乐部发表演讲，并到一家电台主持读书节目。她说："我脑海深处，常常怀着完全失明的恐惧，为了打消这种恐惧，我采取了一种快活而近乎游戏的生活态度。"

戴尔并没有因为自己只有一只眼睛，就开始抱怨生活的不公平，而是愉快地融入人们的生活中。她完全不需要人们的怜悯，而是努力使自己看起来跟别人没什么两样。事实上她做到了，虽然付出了比常人多几倍的努力，但是她依然活出了最优秀的自己。她把自己身上被别人看成不幸的，变成自己的幸运，并且享受着生活的乐趣。生活的确给了她太多的不幸，可是她并没有抱怨；相反，她十分愿意享受生活带来的乐趣，所以生活也给了她同样的回报。

正能量提示

1.知足常乐，好心态铸就正能量

人生最大的悲剧就是，很少想到自己所拥有的，却时刻想着自己所没有的。于是，我们的心情总是重复着这样的沮丧，很多人总是对自己的生活不满意。其实很多时候，你对自己生活的不满意，是通过与其他人生活的比较得出来的。

俗话说"知足常乐"，若能想想自己拥有健康的身体，每天能喝上纯净的水，每天能吃饱，那就是一种幸运。再想一想，有的人完全失明了，有的人身体有残疾，过得很艰辛，与之比较，你就会发现你的生活是多么幸运和快乐。所以，我们不要总为自己寻找一些根本不存在的烦恼，而要学会享受生活的每一分每一秒，这样才会体味到幸福的真谛。

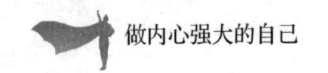

2.开阔心胸,享受生活

如果你想得到快乐,就要记住"每天要想想令你得意的事情,而不要将注意力集中在烦恼上"。如果你只把注意力集中在烦恼上,那么生活也会给你烦恼;如果你保持愉悦的心情,那么生活也会给你愉悦。你对生活抱有什么样的希望,生活就会回报你什么样的礼物。我们要学会开阔自己的心胸,拥抱每一天生活的快乐,这样才会懂得生活的真谛。不要总是把心思放在那些琐事上面,那只会让你的心越来越纠结。

罗根·史密斯曾经说过:"人生应该有两个目标,第一是,得到自己所想的东西;第二是,充分享受它。只有智者才能做到第二步。"所以,不管你的生活发生了什么,都要学会开阔心胸,充分享受生活的快乐,感受生命的真谛。

别为过去和未来烦恼

卡耐基认为,为过去和未来烦忧,只会给自己带来消极影响,从而给负能量可乘之机。所以,当他意识到自己在为过去和未来担忧的时候,他就会在一个小时之内将自己所有的忧虑抛掉,让自己重新变回一个对生活充满信心的乐观者。他会选择走进自己的书房,然后闭上眼睛,朝着放历史书籍的书架走去,随意抽出一本书。他依然闭着眼睛,并不去看自己手中的书籍，而是随便翻开某一页，然后才把眼睛睁开，再认真地在桌前阅读一个小时。虽然人类历史就是由一支悲凉的笔所写成的，其中充满了杀戮、瘟疫、饥饿、贫穷，但是卡耐基想到自己现在的生活比过去要好几十倍的时候，他就不再忧虑了，心也开始平静下来了。

如果你希望自己每一天都能生活得十分快乐，那么就要学会活在当下，那样才能活得自在，也才能让你浑身上下充满正能量。你要分清楚过去和现在，你的过去只会对现在产生影响，如果你总是沉浸在过去的阴影中，就不可能快乐地生活在今天。也许，对过去和未来的某些思考是有益的，但是花费太多的时间反省过去、计划未来，其实是在浪费时间。因为生活本身只有在此时此地，才能充分享受。我们不否认过去，但是也不能沉溺于过去，只有关注现在，才能活得更像自己，才能发挥自己的聪明才智，才能更加真实和精彩地活着。

卡耐基讲了这样一个故事：

威廉·奥斯勒年轻的时候，是蒙特瑞综合医院的一名医科学生。他在那里学医的一段时间里，对自己的生活充满了忧虑，不知道怎样才能通过眼下的期末考试，也不知道将来会在什么地方、创立什么样的事业，更不知道未来该怎么去生活。他整天为这些事情担忧着，无心顾及自己的学业。一次，他无意间在一本书上看见了这样一句话："对我们大家来说，生活中最重要的事情不是遥望将来，而是动手厘清自己手边实实在

做内心强大的自己

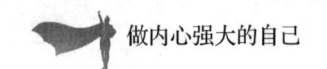

在的事。"正是从书上看到的这句话,改变了这位年轻的医科学生,使他后来成了最有名的医学家之一,创建了举世闻名的约翰斯·霍普金斯医学院,并成了牛津大学医学院的钦定讲座教授,那可是学医的英国人所能获得的最高荣誉。

后来,威廉·奥斯勒爵士给耶鲁大学的学生作了一次演讲,他说:"像我这样一个曾在四所大学当过教授,撰写过畅销书的人,大家会以为我有'特殊的头脑',但事实并非如此,我的朋友都知道,我的脑袋是再普通不过的了。"

有人问他:"那您成功的秘诀是什么呢?"威廉·奥斯勒爵士答道:"我之所以能够成功,是因为我活在完全独立的今天。"

奥斯勒爵士的话并不是让我们不要为了明天而下功夫做准备,就是尽自己最大的努力,把今天的工作做到完美无缺,这才是应付未来唯一可靠的方法。奥斯勒把每一天都当作是完全独立的,他不会沉溺在过去,也不会为未来忧虑,所以他能够信心满满地应付今天的事情。对于他来说,每一天都是快乐的,每一天都是自由自在的,所以最后他能够取得医学上瞩目的成就。

正能量提示

既然生活在现在,就不要为过去和未来烦忧。无论你经历过多大的挫折,受过多大的磨难,毕竟都已经过去了,已经成为你记忆中的一部分，不可能主宰你今天的生活。所以不要总沉浸在过去的痛苦中，那样只会让你把今天也卷进痛苦的旋涡中，那么你的人生从此就迈入万劫不复的深渊。而未来还不可知，未雨绸缪可以，但不要过分地为明天担忧，它只会逐渐变成你的压力和负担。你既不会为明天而准备什么，也不会好好地把握今天，结果你把今天和明天都弄丢了。

1.牢牢把握现在

只有牢牢地把握现在，你才有可能获得未来的成功。因为现在既是对过去你经受的一些挫折所作的总结，也是为未来的成功做好准备的关键时期。所以，不要为过去和未来烦忧，保持一份愉快的心情，就能发挥出你所有的潜力，从而走向成功。

2.沉浸在过去只会给自己带来负能量

我们不要对过去的痛苦一直念念不忘，要学会从过去的苦海中挣脱出来，把握好自己现在的生活，这才是对昨天痛苦的最好安慰。也不要想象未来的苦难，假如自己老了怎么办？假如自己失去了工作怎么办？那些都是徒劳的，如果你不把握好现在，那么你就无法取得未来的成功。所以，不要为过去和未来烦忧，珍惜现在，把握属于自己的幸福人生。

第5章　积极地思考，乐观轻松前行

在卡耐基看来，只有积极地思考，才能制造出正能量。就工作而言，他说道："正确的思考方法可以提高你对工作的兴趣。你可以对自己本身的问题好好想想，如果你把一半的时间花在工作上，而能不减对其的兴趣，那么你人生的幸福也许会增加两倍。但是，当你在工作上找不到幸福时，很可能在其他地方也找不到幸福。"积极而正确的思想，往往会制造出源源不断的正能量。

放眼长远，让未来充满希望

一个小女孩趴在窗台上，看见窗外的人正在埋葬她心爱的小狗，不禁泪流满面，悲痛不已。外公见状，连忙引她到另一个窗口，让她欣赏他的玫瑰园。果然，小女孩的心情顿时明朗。外公托起她的下巴，慈祥地说："孩子，你开错了窗。"卡耐基认为，生活就像是硬币的两面，一面是快乐，一面是悲伤。当你将目光放得长远的时候，你会发现未来是充满希望的，你所感受到的也是源源不断的正能量。但是在生活中，因为眼界太狭窄或目光太浅显，我们常常会像小女孩一样开错了窗，看到悲伤的一幕便情绪低落，萎靡不振。

然而，如果我们能开阔眼界，以积极的思想试着打开另一扇窗，换一个角度看问题，或许会看见如画的美景。很多时候，我们感到痛苦消极，那是因为我们目光太短浅了。我们只专注于眼前的事情，而忽略了长远的打算，于是总为失去的东西而痛苦不堪。

每年的七八月份，北极地区的冰雪就开始大面积融化，气温也逐渐回升，出现了短暂的春景，十分美丽。但是，随着气温的升高，也开始出现大量的蚊虫，由于当地物种稀少，那些饥饿的蚊虫就会飞到人们聚居的地方，吸食人们的血液来维持自己的生命。可奇怪的是，当地的居民却为此感到很快乐，他们对这些嗡嗡乱叫的蚊虫十分仁慈，从来不轻易伤害它们。当有的游客拿出杀虫剂喷洒时，还会被当地居民所制止。

这是为什么呢？

原来，一种被称为驯鹿的动物是当地居民过冬主要的肉质来源。可是，在大气比较暖和的时候，大批的驯鹿会自发地成群结队向低纬度地区迁移，因为那里有大量的水草，如果不被驱赶，它们是不愿意在严寒到来的时候准时回来的。但是在北极地区，如果你想靠人力来驱赶，这根本是不可能的事情。这时候，那些讨人厌的蚊虫就显示出它们的威力，气温一下降，蚊虫就会飞到低纬地区逃命，自然会与驯鹿不期而遇。那些吸食血液的蚊虫是驯鹿无法抵御的天敌，而那边的气候还不适宜生存，所以那些驯鹿走投无路之下只好往回跑。这一

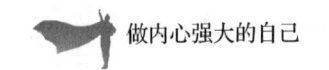

跑正好钻进了人们事先设计好的陷阱里。

聪明的因纽特人掌握了自然界物物相克的规律，所以甘愿忍受被蚊虫吸食的痛苦，来求得长远的生存。在他们看来，眼前的得失并不需要挂在心上，也不需要为此感到痛苦，而那些长远的考虑才是智者的生存之道。所以，在那些被蚊虫吸食的痛苦日子里，因纽特人并没有过多的埋怨，而是保持着一份乐观豁达的胸怀。甚至，他们会快乐地欢迎蚊虫的到来，因为他们知道有了蚊虫的存在，这个冬天食物就不用愁了。

将眼光放长远一些，我们才不会被负能量所困扰。或许在上帝看来，生命殆尽之时正是一切永远的开始。狂风之后，一棵老树轰然倒下，多少人在叹息老树生命结束的同时，不由自主地感叹自己的命运。但是，如果你换个角度，将眼光放长远些，你会发现一棵幼苗在老树倒下的地方生根发芽，开始新的生命。今年的逝去是为了明年能够花红满树，桃李芬芳。这样想来，是否会快乐些呢？

正能量提示

卡耐基认为，在人生的路上，有太多的得，也有太多的失，许多人一直都在计较着得与失，所以每一天都在抱怨、懊悔中度过，在他们漫漫的人生之中，没有哪一天是真正快乐的。他们会因为目光太短浅，而让自己陷入负面情绪的无端困扰中，长期下去，内心就会被负能量所占据，而无法积极乐观地生活。

1.先看看自己得到了什么,再看看自己失去了什么

有个人在一次车祸中不幸失去了双腿,当所有人都对他的厄运表示同情、对他的未来充满担忧的时候,他却积极地为自己寻找新的出路。在他的脸上没有看到痛苦,更没有看到绝望。周围的人很是好奇,对于一个失去双腿的人来说,生活无疑已经没有了色彩。但他却笑着说道:"这事确实很糟糕。但幸运的是我保存了性命,并且通过这件事认识到,原来活着是一件这么美好的事情——我失去的只是双腿,得到的却是比以前更加珍贵的生命。"

当我们遭遇一些重大挫折的时候,应该先看看自己得到了什么,再看看自己失去了什么,这样才能从中感受到正能量,而不是负能量。

2.将目光放长远,看到眼前的希望

当我们在无声的年华岁月中看着繁华落尽,才感叹道:原来自己从来没有快乐过。对于那些失去的、得不到的,为什么不能以一种长远的眼光来看待呢?保持良好的心态,你会发现,令自己陷入负面情绪的是短浅的目光,而不是生活。

经得起风雨的洗礼,化消极为积极

卡耐基说:"不幸就像一块石头,对于弱者来说,它是一块绊脚石,让你却步不前;对于强者来说,它是一块垫脚

石，让你看得更远。"面对不幸或挫折，当我们努力去思考的时候，就会发现自己是有办法将不幸转化为正能量的。一个人如果经不起挫折，受不了历练，他就只能沉浸在挫折带来的痛苦中，感觉不到快乐，永远没有希望，也没有前进的方向。其实，那些生活中的不幸对于我们来说，并不完全是坏事，在遭受不幸的过程中，不仅锻炼了我们的受挫忍耐力，而且从挫折中所吸取的教训将成为我们迈向成功的垫脚石。许多人遭遇不幸的时候，总表现得怨愤难平，于是抱怨他人、抱怨上天，可是，他们却从来不思考自己能去做点什么。我们应该记住：即使遭遇了再不幸的事故，至少还有生命的力量。

有一个穷人为农场主做事。有一次，穷人在擦桌子时不小心碰碎了农场主一只十分珍贵的花瓶。农场主向穷人索赔，可穷人哪赔得起。最后被逼无奈，穷人只好去教堂向神父讨主意。神父说："听说有一种能将破碎的花瓶粘起来的技术，你不如去学这种技术，只要将农场主的花瓶粘得完好如初，就可以了。"

穷人听了直摇头，说："哪里会有这样神奇的技术？将一只破花瓶粘得完好如初，这是不可能的。"神父说："这样吧，教堂后面有个石壁，上帝就待在那里，只要你对着石壁大声说话，上帝就会答应你的。"

于是，穷人来到石壁前，对着石壁说："上帝请您帮助我，只要您帮助我，我相信我能将花瓶粘好。"话音刚落，上帝就回答他："能将花瓶粘好，能将花瓶粘好……"

穷人听后信心百倍、希望倍增，于是辞别神父，去学粘花瓶的技术了。一年以后，这个穷人终于掌握了粘破花瓶的本领，他真的将那只破花瓶粘得完好如初，还给了农场主。

难道真的是上帝回答了他吗？其实，他要感谢的正是他自己，那块石壁只不过是一块回音壁，他所听到的上帝的回答，其实就是他自己的声音，那是强有力的来自内心深处的正能量。只要心中的信念在，希望就在。许多人陷入逆境，总是悲观绝望，给自己增加很大的压力。事实上，逆境是另一种希望的开始，它往往预示着美好的明天。你只要告诉自己正能量是无处不在的，那么再大的困难也会变得渺小，再糟糕的处境也会有所好转。

许多伟人都是抱着不屈不挠的精神，从逆境中挣扎奋斗过来的。在人生的道路上，常常会遇到各种各样的挫折与不幸，而对于生活中的不幸，我们该如何看待呢？所谓"百糖尝尽方谈甜，百盐尝尽才懂咸"。不经受历练的人生就是单调、幼稚的人生。那么，不遭遇不幸的人生也将是苍白无力的。在不幸的生活面前，我们应藏着内心那一丝快乐：我还有生命的正能量。

正能量提示

魏尔仑说："希望犹如日光，两者皆以光明取胜。前者是荒芜之心的神圣美梦，后者使泥水浮现耀眼的金光。"要知道，每一个明天都是希望，无论自己身陷怎样的逆境，都不应

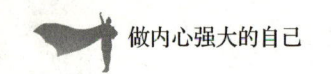

该感到绝望，因为我们还有许多个明天。心灵导师卡耐基认为，只要有希望，人的意志就不容易被摧垮，前途比现实重要，希望比现在重要，人生不能没有希望。只要你满怀希望，你就永远不会感到绝望。

凡是能够成大事者，都必须经得起不幸的历练，经得起失败的打击，因为成功需要风雨的洗礼。一个有追求、有抱负的人，他们总是视不幸为动力，甚至视不幸为自己成功的一块跳板，他们从来不去抱怨那些挫折，也从来不去埋怨别人。因为他们明白，不幸是人生的一门必修课，而能否顺利毕业，关键在于对人生不懈追求的正能量。

信念具有无坚不摧的力量

有人曾问卡耐基："是什么力量驱使你坚持了这么多年？"他只回答了两个字："信念。"信念，当然是信念，心中怀着一份坚定的信念，执着地走下去，这样就能产生巨大的正能量。许多人失败了，并不是因为他们没有目标，而是因为没有能够坚定自己的信念，从而失去了坚持下去的力量。信念，是一个人成功的根本，它的力量是巨大的，它支持着我们生活，催促着我们奋斗，推动着我们不断地进步。正是信念，创造了世界上一个又一个奇迹。

高尔基说："只有满怀信念的人，才能在任何地方都把信念沉浸在生活中并实现自己的梦想。"一个信念不够坚定的人，就像一根潮湿的火柴，永远不可能点燃成功的火焰。许多人之所以失败，正是因为他们缺少那份信念，缺少那份永远的正能量。信念是成功的基石，是人们内心正能量的基础。人们只有对他所做的事情充满必胜的信念，才会采取积极的行动，从而将底片变成美丽的图片。

有一队人马在沙漠中艰难地跋涉，他们已经在沙漠里走了很久很久。太阳恣意地释放着光和热，他们随身带的水已经不多了，随时都会有生命的危险。走了长长的一段路后，大家都走不动了。这时，领队的老人从自己背上解下一只水桶，对大家说："现在只剩下一桶水了，我们要等到最后一刻再喝，不然大家都会没命的。"

于是，他们继续着无比艰难的旅程，而那桶水成了他们心中唯一的希望。望着那桶沉甸甸的水，每个身体疲惫的人心中都有了对生命的一种信念：一定要坚持到旅程的最后一刻。但是，天气太炎热了，一个小伙子实在撑不下去了，他向老人乞求："老伯，让我喝口水吧。"老人生气地回答："不行，这水要等到最艰难的时候才能喝，你现在还可以坚持一会儿。"就这样，老人坚决地回绝了每一个想喝水的人。

眼看到了黄昏，大家发现领队的老人不见了，只有那只水桶孤零零地躺在前面的沙漠中，而且旁边写着一行字：

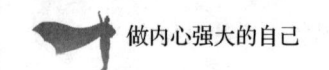

"我不行了，你们带上这桶水走吧，要记住，在走出沙漠之前，谁也不能喝这桶水，这是我最后的命令。"大家抑制住内心那份悲痛，继续向前出发，而那只沉甸甸的水桶在每个人手里依次传递着，谁也舍不得喝上一口，因为他们清楚这是老人用自己的生命换来的。终于，他们走出了沙漠，喜极而泣之余，想到了老人留下的那桶水，然而打开桶盖，却从里面流出了沙子。

居里夫人说："生活对任何人都非易事，我们必须有坚韧不拔的精神，最要紧的，还是我们自己要有信念，我们必须相信，我们对每一件事情都有天赋的才能，而且不管付出任何代价，都要把这件事情完成，当事情结束的时候，你就能问心无愧地说：'我已经尽我所能了。'"信念就如同航标灯射出的光芒，在朦胧浩渺的人生海洋中，给予我们力量，指引我们走向辉煌。

正能量提示

卡耐基认为，信念和希望是生命的正能量，在许多时候，打败自己的并不是环境，而是自己。只要我们心中还残留着一丝希望，就要坚定自己的信念，努力追求、努力奋斗。在生活中，无论自己的处境多么糟糕，也要在心底保持一份信念，因为信念能使我们释放出强大的力量。只要信念还在，那么希望就会永存，命运也就会对我们作出让步。

1.信念本身就是一种巨大的正能量

在2008年年末,美国《人物》周刊居然让一只狗登上了封面,并对这只狗作了这样的语言描述:"它是降临在浮躁的美国的一种力量,它是笃定而欢快地照耀在任何一位迷失者前方的一盏路灯,它是早就藏好了眼泪和悲伤、只表露笑容与歌声的一种幸福,它的名字叫信念,它是一只狗,它是一只有两条腿、像人类一样直立行走的狗。"信念,本身就蕴含着巨大的正能量,它能帮助我们走上成功之旅。

2.要有方向感的信念

成功学大师拿破仑·希尔说:"有方向感的信念,令我们的每一个意念都充满力量。"信念,是我们正能量的源泉,同时也推动着我们走向成功。这个充满诱惑的世界,有着干扰我们走向成功的许多不确定的因素。但是,心中有信念的人,就能坚守自己的目标不动摇,坚定自己的心不动摇,坚持以自己的方式走向成功。

失败能让人反省,更催人奋进

爱默生曾说:"每一种挫折或不利的突变,都带着同样或较大的有利的种子。"失败的背后,往往隐藏着宝贵的经验与信念。事实上,失败是一笔不可缺少的财富,更是我们前进的正能量。虽然在遭遇挫折、面临失败的时候，我们都会产生一种负面的情绪，但是如果长期深陷其中而不能自拔，失败将会成为我们的代名词。卡耐基认为，当一个人在工作中的失败感大于他所取得的成就感时，就很有可能对自己的工作失去热情，而当这种失败感以一定的频率固定出现的时候，他就很容易对自己的工作产生倦怠。面对失败，我们需要做的并不是自甘堕落、自暴自弃，而是不断思考失败的经验，让失败成为一笔财富，成为我们前进的正能量。

和田一夫21岁那年，他经营的位于静冈县热海家的蔬菜水果店毁于一场大火。和田一夫几乎失去了所有，但是，他并没有放弃希望，而是将烧成平地的100坪土地拿去做抵押，借钱买了块300坪的土地建了一个超级市场，开创了日本八佰伴。超级市场在和田一夫的经营下，发展得越来越好，这时，和田一夫想带着自己的超级市场进军亚洲，而新加坡成了进入亚洲的起点。

1972年，和田一夫和日本野村证券公司第一次考察新加坡市场，然而就在新加坡，他碰到了两件令自己苦恼的事情：新加坡租金太贵，完全超出了自己的预算；在新加坡期间，和田一夫无意中听到一位的士司机告诉他的一段日本人杀害新加坡人的国仇家史。对此，和田一夫说："对日本百货公司来说，70年代是一个必须面对历史的时代。"回到日本后，和田一夫将这两件事告诉了董事们，结果董事们纷纷表

示反对投资新加坡。但是，和田一夫明白"零售业成功的因素就是要消费者口袋里装着钞票"，于是20世纪70年代初期，和田一夫在新加坡开辟了第一个亚洲市场。1976年，受世界石油危机的冲击，巴西八佰伴被迫关门。通过这次教训，和田一夫领悟到："不该死守一个地方，要大胆调动资金，分散资产。"紧接着，八佰伴从东南亚"流通"到了中国台湾、香港以及大陆。80年代末期至90年代初期，整个亚洲经济处于全盛时期，和田一夫的八佰伴集团在16个国家拥有了400多家百货公司，八佰伴集团坐上了世界零售业第一把交椅。

1997年，在日本负责管理日本八佰伴公司的和田一夫的弟弟，因被指控欺骗日本财政部而被法庭判定有罪，当时和田一夫也被判定结束所有海外企业，回日本受审。日本媒体称和田一夫将资金调动到中国，拖累了日本八佰伴。一夜之间，和田一夫变成了一个连累八佰伴股东和员工的罪人。这时，和田一夫作出了决定，宣布"自我破产"，交出所有财物，向企业界告别，搬到了一个租来的房子里。

如今，和田一夫成立了"和田一夫企业咨询公司"，他的日常工作就是用电脑回答许多企业家提出的问题，为企业团体作演讲；同时，他以探讨自己的失败撰写了《从零开始的经营学》，这本书成为日本经典著作之一。对此，和田一夫这样说："失败是我的财富，我想将这个企业咨询网络像当年八佰伴一样伸展到亚洲，甚至全世界。"

莎士比亚曾说："逆境使人奋进，苦尽才能甘来。"在人生道路上，成功没有巅峰，追求没有止境，短暂的荣誉往往会束缚人们前进的脚步，一时的辉煌往往会消减人们昂扬的斗志。而失败，让人痛心更催人奋进，让人难堪更让人坚定，让人们在放弃时能鼓足勇气，想逃避时拾起自尊。失败是前进路上的正能量，是一笔财富；失败能够使人不断地反省自己，在逆境中奋进，在低谷中抓住机遇，不断冒险与尝试，最后采摘成功的果实。

正能量提示

卡耐基说，失败并不可怕，只要你愿意思考失败，在失败中不断地积累经验，终究能将失败转化为我们前进路上的正能量并变成财富。其实，遭受失败并不可怕，关键是用积极的心态来面对。只要我们能改变心态，把每一次失败都当作考验自己的机会，当作超越自己的机遇，那么，我们就不会沉浸在痛苦里，反而会感谢失败让我们看清了真相，获得了经验。失败会让人变得成熟，它是人生一笔宝贵的财富。

1.在失败中崛起

著名的音乐家贝多芬在听不到声音之后，坚持音乐创作并获得了巨大的成功；只受过三年正规教育，被老师认定智力迟钝的爱迪生，在经过不懈的努力之后，成为了最伟大的发明家之一。

2.发现失败背后潜藏的正能量

日本著名实业家原安三朗曾说:"年轻时赚一百万元的经验,并不能成为将来赚十亿元的经验,但损失一百万元的经验,倒可以积累赚十亿元的经验,逆境是锻炼人才的最好机会。"一个不能认识和接受失败的人,也无法看清楚成功的本质。从失败的教训中学到的东西,往往比从成功中学到的还要深刻。虽然从表面上看,失败是负能量,但其背后却潜藏着源源不断的正能量,而积极思考失败,才能让我们重新拥抱这些正能量。成功,总是在经历多次失败之后才姗姗来迟,所以正确面对失败,才是走向成功的重要素质和能力。

中篇

完善自我，正确认识正能量

第6章　告别昨天，活出全新的自己

俗话说："江山易改，本性难移。"虽然一个人的性格是难以改变的，但是性格对于我们人生的影响却是不容忽视的。例如，一些自闭、忧郁的性格给我们带来的只能是负面的影响，而无法给予我们正能量。对此，我们要善于利用性格中的正能量，活出全新的自己。

不要让过去成为现在的负担

生活中，有的人容易被忧虑主宰，于是很容易陷入痛苦的记忆之中，以至于让过去成为现在的负担。卡耐基认为，如果一件非常糟糕的事情对我们已经造成伤害，那么我们苦苦回忆它、不能忘记它，这无异于在旧伤上又添了新疤。那些让过去成为现在负担的人，性格里其实有着偏执的部分，而这就是负能量的来源。一个人要想活得自信、洒脱，最好的办法就是做一个健忘的人，过去的事情就让它过去吧，让我们做好现在，为未来做准备。总是想忘记，其实就是在不断地提醒自己，记起这个人、这些事，结果反而加深了记忆，当然忘不了。其实最好的办法是不要去刻意地遗忘。刻意去忘记，只会记得更深，既然你想忘了他，就说明他曾经在你心里留下的痕迹是比较深的，有些事既然曾经存在过，又为之付出过那么多的情感，又为何要忘记呢？对此，卡耐基告诫我们，千万不要让过去成为现在的负担。

三毛小时候是一个非常勇敢、聪明活泼的小女孩，她喜欢体育，常常会弄得身上青一块、红一块。她喜欢上语文课，往往是语文课本一发下来，她只要大声朗读一遍，就能够熟练地掌握其中的内容。有一次，她甚至跑到老师那里，很轻蔑地批评道："语文课本编得太浅，怎么能把学生当傻瓜一样对待呢？"

12岁那年，三毛以优异的成绩考取了台北最好的女子中学——台北省立第一女子中学。初一时，三毛的学习成绩还行，可到了初二，数学成绩一直滑坡，几次小考最高才得50分，三毛感到很自卑。

然而一向好强的三毛发现了一个考高分的窍门。她发现每次老师出小考题，都是从课本后面的习题中选出来的。于是每次临考，三毛都会背后面的习题。

因为三毛记忆力好，所以她能将那些习题背得滚瓜烂熟。这样，一连六次小考，三毛都得了100分。老师对此很怀疑，决定要单独测试一下三毛。

一天，老师将三毛叫进办公室，将一张准备好的数学卷子交给三毛，限她10分钟内完成。由于题目难度很大，三毛得了0分，老师对她很是不满。

接着，老师在全班同学面前羞辱了三毛。他拿起蘸着饱饱

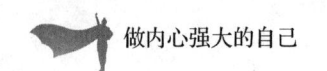

墨汁的毛笔,叫三毛立正,非常恶毒地说:"你爱吃鸭蛋,老师给你两个大鸭蛋。"他用毛笔在三毛眼眶四周涂了两个大圆圈,因为墨汁太多,以致流下来,顺着三毛紧紧抿住的嘴唇,渗到她的嘴巴里。

老师又让三毛转过身去面对全班同学,全班同学哄笑不止。然而老师并没有就此罢手,他又命令三毛到教室外面,在大楼的走廊里走一圈再回来,三毛不敢违背,只有一步一步艰难地将漫长的走廊走完。

这件事情使三毛觉得很丢人,她没有及时调整过来,于是开始逃学。当父母鼓励她要正视现实,鼓起勇气再去学校时,她坚决地说"不",并且自此开始休学在家。

休学在家的日子里,三毛仍然没能从这件事的阴影中走出来。当家里人一起吃饭时,姐姐弟弟不免要说些学校的事,这令她极其痛苦,她时常感到那件事情对她的压力,仿佛能看到老师与同学们嘲笑的脸孔。

卡耐基认为,很多东西,想要忘记,就是逃避。而对于有些东西若真的要释怀,也只有面对才能起作用。我们逃到另外的世界,抓住另外的人,沉浸于另外的事情,但过去仍旧存在。不如静下心来,回忆一遍开始和过往,细数与那个人的一步一步,然后告诉自己,得与失毫无意义,一个结果不会令我们否定之前的所有,只要得到过快乐,就算结局是更多的痛苦,那也是一种价值。

第6章　告别昨天，活出全新的自己

正能量提示

卡耐基认为，还记得曾经，因为那是人生的一部分，人生因为不完美而完美，因为疼痛我们才能成长，这些听来浮夸，但只有自己走过来才会了解不要刻意忘却，勇敢面对并珍惜人生的这段经历，积聚正能量，这才是最好的选择。

1.忘记过去

许多事情，总是在经历以后才知道得失由不得自己。例如感情，痛过了，才会懂得如何保护自己；傻过了，才会懂得适时地坚持与放弃。让我们学会放弃，在落泪以前转身离去，用泪水换来的东西是不牢靠的；让我们学会放弃，将昨天埋在心底，留下最美好的回忆；让我们学会放弃，使彼此都能有个更轻松的开始。紧抓不放，只会让你一味沉溺于回忆和痛苦中，从而萎靡不振。

2.放弃痛苦的经历

放弃，不是躲避，也不是懦弱；放弃，是一种豁达的处事态度。试想一下，一个人一生要经历多少人与事，不懂得放弃那些已经失去、不可挽回的东西，又如何把握住真正属于自己的东西呢？当你发现你的世界里唯一的那扇大门不再为你敞开，就不必再在门前徘徊，更不必撞得头破血流终不醒悟。要学会放弃，然后转身寻找一个为你开放的天窗，在那儿你同样能望见满天的星斗。

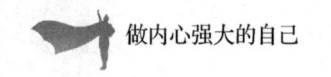

鼓起勇气，开启新的人生

卡耐基说，一个人要有勇气去做自己想做的人，这样才能激发出自己性格中的正能量。爱默生曾说："你，正如你所思。"研究那些所谓成功者的成长经历，发现他们对自我都有一种积极的认识和评价，从而产生一种相当的自信。这种自信是一种魔力，即使他们在认清了自己的现状之后，依然能够保持奋勇前进的斗志，而这也是他们必须依赖的精神动力。每个人都梦想过自己能成为什么样的人，也许是科学家，也许是医生或者律师，但大多数人却宁愿梦想着，而不去实践，甚至希望能得到别人的救赎。做自己想做的人，其实很简单，只要相信自己，朝着自己的梦想勇敢地奋进，那么你就真的能够成为自己想做的那个人。

卡耐基曾讲了这样一个故事：

有一天，著名的成功学家安东尼·罗宾接待了一位走投无路、风尘仆仆的流浪汉。那人一进门就对安东尼说："我来这儿，是想见见这本书的作者。"说着，他从口袋里掏出了一本《自信心》，这本书是安东尼多年以前写的。安东尼微笑着请流浪汉坐下，那人激动地说："是命运之神在昨天下午把这本书放入了我的口袋，当时我已经决定要跳进密歇根湖，了此残生了，因为我已经看破了一切，对这个世界已经绝望，所有的人都已经抛弃了我，包括万能的上帝。不过，当我看到这本书时，我的内心就有了新的变化，我似乎看到了生活的希望，这本书陪伴我度过了昨天晚上。我下定了决心：只要我能见到这本书的作者，他一定能帮助我重新振作起来。现在，我来了，我想知道你能帮助我什么呢？"安东尼打量着流浪汉，发现他眼神茫然、满脸皱纹、神态紧张，他已经无可救药了，但是，安东尼不忍心对他这样说。

安东尼思索了一会儿，说："虽然我没有办法帮助你，但如果你愿意的话，我可以介绍你去见本大楼的一个人，他可以帮助你重新赢回原本属于你的一切。"听了安东尼的话，流浪汉跳了起来，他抓住安东尼的手，说道："看在老天爷的分上，请你带我去见这个人！"安东尼带着他来到从事个性分析的心理实验室，面对着一块看来像是挂在门口的窗帘布，安东尼将窗帘布拉开，露出一面高大的镜子，流浪汉看到了自己。安东尼指着镜子说："就是这个人，在这个世界上，只有他能够使你重新来过，除非你坐下来，彻底认识这个人，当作你从前并不认识他；否则，你只能跳进密歇根湖了。只要你有勇气来重新认识自己，你就能成为你想做的那个人。"流浪汉仔细打量着自己，低下头，开始哭泣。几天后，安东尼在街上碰到了那个人，他已经不再是一个流浪汉了，而是一个西装革履的绅士，后来，那个人真的成为了芝加哥的富翁。

一个人对自己感到失望，从而失去了生活的希望，那么，能够挽救他的只有他自己。很多时候，我们希望上帝能救赎自己，甚至把自己的处境归结为被所有人抛弃了，但其实，没有

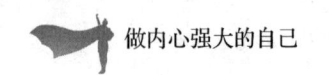

人能够抛弃自己，除非自己抛弃自己。当在生活中遭遇挫折与困难时，我们唯一能做的就是勇敢向前，一步一步向自己的梦想靠近，最后，我们真的会成为自己想做的那个人。

正能量提示

卡耐基认为，梦想需要勇敢地去拼搏，才能使我们成为那个想做的人。在追逐梦想的过程中，我们会遇到许多实现梦想的机会，却常常由于怯懦和畏惧而放弃了努力，导致与机遇一次次擦肩而过。其实，只要我们努力克服胆怯心理，勇敢地奋进，就能够做自己想做的人。

1.克服畏惧心理

小时候，幼儿园老师总是有意或无意地引导我们："将来长大了想做什么样的人？"有时候，我们会认为自己天生就知道自己能做个什么样的人。但是长大后，我们会发现自己早已忘记了儿时的梦想，在成长的过程中，由于缺乏勇气，将梦想搁浅。不过，一个人究竟想成为什么样的人，或者内心深处想做什么样的人，这种感觉是不会变的。在追逐梦想的过程中，我们应该勇敢向前，克服畏惧心理，努力成为自己想做的那个人。

2.勇气会让我们的正能量倍增

畏惧只会把我们身体内的负能量唤醒，然后吞噬自己。因此，在人生的道路上，只有克服自己内心的胆怯，鼓起勇气，才能让正能量倍增，才能让自己成为梦想中的那个人。

推开那扇"虚掩的门"

卡耐基说，我们距离成功有多远呢？或许只需要我们推开那扇门就拥抱了成功，甚至因为内心的不确定，我们没能发现那扇门竟然是虚掩的。心理学家通过研究发现，人们在没有经历一些事情的时候，总会首先形成一种心理暗示，比如，将一块宽30厘米、长10米的木板放在地上，人们通常都能够轻易地从上面走过去，但如果把这块木板放在高空中，许多人就会因恐惧而不敢迈步。这时人们往往会形成一种心理暗示：我会掉下去。在这种暗示的作用下，他们会感到恐惧，害怕自己真的会掉下去，虽然事实并没有发生，但是他们内心还是会隐隐不安。歌德曾说："你失去了财产，你只是失去了一点；你失去了荣誉，你失去了许多；你失去了勇气，你就把一切都失掉了！"卡耐基认为，有勇气的人会成为最大的赢家。勇气，在很多时候能够帮助我们踏上成功之旅，并帮助我们找回自信。

卡耐基曾讲过这样一个故事：

有两个人在沙漠中艰难地跋涉，他们的食物和水都用完了，现在又饿又渴。这时，一个人从口袋里掏出一把手枪和五颗子弹给另一个人，并对他说："我现在去找食物，不然我们会饿死在沙漠里，请你在这里待着，每隔一小时就打一枪，让我知道你在什么地方，以免我一会儿迷了路。"另一个人点了点头，那个人就走了。留下来的那个人每隔一小时就打一枪，可是，快到最后一枪了，那个出去找食物的人还是没有回来。他内心开始恐惧，担心那个人已经死了，最后终于忍不住了，他将枪里最后一颗子弹射向了自己。但是，就在枪响后不久，找食物的人回来了，发现留下来的那个人已经死了。

如果留下来的人再忍耐一会儿就可以活下来，可是，他放弃了生的机会，因为他已没有勇气。孙振耀曾这样写道："我宣布从惠普（中国）公司总裁位上退休后，接到了许多人的祝贺，大部分人都认为我能够在这样的年龄以及这样的职位上选择退休，是一种勇气，也是一种福气。"生活需要勇气，它不仅能够战胜对手，更重要的是能够战胜自己，从而推开成功的大门。

卡耐基告诉我们：勇敢向前，推开那扇虚掩的门。

在1968年的墨西哥奥运会上，美国选手吉·海因斯以9.95秒的成绩打破了男子百米赛跑的世界纪录。当时，全程都有摄像镜头记录，海因斯在撞线后回头看了一眼记分牌，然后摊开双手说了一句话。这个镜头被电视机前的观众所看到，但是，由于当时海因斯身边没有话筒，所以他到底说了句什么话，没有人知道。

1984年，洛杉矶奥运会前夕，一位名叫戴维·帕尔的记者在办公室回放奥运会的资料片，当他再次看到海因斯的镜头时，心想：这是历史上第一次在百米赛道上突破10秒大关，海因斯在看到记录的那一瞬间，一定说了一句不同凡响的话。不过，这一个关键的新闻点，居然让在场的431名记者给漏掉了，这真是个遗憾！于是，戴维·帕尔决定去采访海因斯，问他当时到底说了一句什么样的话。

戴维·帕尔很快就找到了海因斯，但是，回忆起16年前的往事，海因斯却一头雾水，他甚至否认当时自己说了话。戴维·帕尔说："您确实说话了，有录像带为证。"海因斯打开了帕尔带去的录像带，看完之后，他笑了，说道："难道你没有听见吗？我说，上帝啊，原来那扇门是虚掩着的。"戴维·帕尔好奇地问："您能解释这句话吗？"海因斯说："自从欧文斯创造了10.3秒的成绩之后，医学界就断言，人类的肌肉纤维所承载的运动极限不会超过每秒10米，看到自己9.95秒的记录后，我惊呆了，原来10秒这个门不是紧闭着的，它虚掩着，就像终点那根横着的绳子。"

成功学大师拿破仑·希尔曾说："一个人一生中唯一的限制就是他内心的那个限制。"那么，如何突破内心的那个限制呢？勇气，当然是勇气，只有勇气才能战胜自我。当你鼓起勇气向前，你就会发现许多门都是虚掩着的。试想，当时与海因斯条件差不多的运动员应该不少，但是，他们最后都没有获得成功，而海因斯却赢得了胜利，正是因为海因斯战胜了自我，鼓起勇气推开了那扇虚掩着的门。

正能量提示

卡耐基认为，人生是一叶小舟，勇气是引航的灯塔和推进的风帆,没有勇气的人生就像是失去了方向和动力的小舟,只能在生活的波浪中随处漂泊,有可能还会沉没在激流之中。在人生的旅途中,即使有能力、有才华,但若缺少了勇气,那些潜在的能力就会成为镜花水月,而只有勇者才能够摘取成功的鲜花。

1.勇者往往是最大的赢家

许多时候,生活中的困难和阻力被我们放大了,它们就像绊脚石横在了我们通往成功的路上。这时,假如有与我们势均力敌的对手出现,那么,谁有勇气谁就能获得最后的成功。其实,许多门都是虚掩着的,只要伸手就能推开。当我们鼓起勇气战胜自我、突破内心的限制之后,就能够到达人生的最高点。

2.有勇气才会有正能量

英国作家莎士比亚说:"真正勇敢的人,应该能够理性地忍受最难堪的屈辱,不以身外的荣辱介怀,用息事宁人的态度避免无谓的横祸。"面对充满压力和困难的生活,没有勇气是不行的。当暴风雨来临时,勇敢的水手总是满怀着生存的希望,不断激励自己,不管风浪多么可怕,他们总是能够坚持下去,最终平安回来;而那些胆小的水手,早在暴风雨来临之前就失去了生存的勇气,从而以失败告终。我们需要勇气,生活也需要勇气。勇气是光明的使者,它能将我们从黑暗的泥沼中拉出,帮助我们战胜困难,帮助我们创造正能量,帮助我们赢得最后的胜利。

今天的我远胜于昨天

卡耐基常常告诫那些年轻人，过去不代表未来，需要记住，今天的我远胜于昨天。回首过去的每一天，有喜悦也有痛苦，有成功也有失败，尽管我们经历了风雨挫折，但是我们收获的却是奋斗的快乐和思考。人生的每一次经历，无论是成功的经验还是失败的教训，都是一笔宝贵的财富。生命并不是完整无缺的，我们每个人都或多或少缺失一些东西，也许昨天我们没能实现心中的愿望，但是昨天已经过去了。昨天不能代表未来，也许昨天成功了，并不代表未来还会成功；也许昨天失败了，也不代表未来就要失败。因为昨天无论是成功还是失败，都只是代表昨天，未来是靠今天决定的。昨天的经历可以成为未来的借鉴，但我们不能因此就背上沉重的包袱，因为未来还有很长的路要走，丢掉那些失败、哭泣、成功、骄傲，轻轻松松面对现在，继续努力前行，这样才会越走越快，路越走越宽！

福特一世16岁就独闯天下，凭借杰出的管理专家和机械专家，福特公司成为世界上最大的汽车公司。但是，成功后的荣誉让福特一世得意忘形，认为这一切都是自己的功劳，面对他人提出的意见总是置之不理，整天沉浸在成功的喜悦中，只知享受，不思进取。看到福特一世如此的情况，当年追随他创业的老功臣纷纷离去，公司每况愈下，几乎濒临破产。

1945年，福特二世上任，接过几乎成为烂摊子的福特公司。福特二世深知父亲失败的原因，于是礼贤下士，励精图治，高薪聘请一大批管理精英，使福特公司很快起死回生，重新达到了巅峰，再现昨日的辉煌。但是，在成功的喜悦面前，福特二世又重蹈覆辙，在公司里独断专行，将自己看作是公司至高无上的统治者，使整个公司人心惶惶，终于在20世纪80年代初期，福特二世被逼交出大权，同时被公司除名。

正所谓"福兮祸所伏，祸兮福所倚"，当你因为昨天的成功而喜悦的时候，失败的危机有可能已经在你身边。所以，要想成功，就必须学会忘记，忘记昨天的辉煌，忘记昨天的一切，从零开始，继续向前，这样才有可能创造美好的未来。卡耐基告诉我们，人生不会一帆风顺，总是要经历风风雨雨，那些成功的人面对昨天的失败总能够内心坦然，不会屈服于失败，勇于做一个奋斗不息的人，以百折不挠的精神继续向前。

卡耐基曾讲述了这样一个故事：

1954年，巴西人都认为巴西足球队能获得世界杯冠军，然而成功并不总是常在，巴西足球队在四分之一决赛中意外地败给了匈牙利，结果，那个金灿灿的奖杯与巴西无缘。足球队的球员们十分悲痛，心想：去迎接球迷的辱骂、嘲笑和汽水瓶吧，因为足球是巴西的国魂。当回国的飞机进入巴西领空，球员们坐立不安，他们心里很清楚，这次回国肯定会遭遇难堪的情景。然而，当飞机降落在首都机场的时候，映入他们眼帘的却是另一种景象：巴西总统带着2万多球迷默默地等候在机场，共举一条大横幅：失败了也要昂首挺胸！顿时，球员们泪流满面，暗暗下定决心：告别昨天的失败，为下一次比赛努力！

4年后，巴西足球队又一次站在比赛场上，这一次他们不负众望，夺回了世界杯冠军，这是巴西足球队为国家捧回的第一个世界冠军奖杯。在巴西机场，16架喷气式战斗机为球员们护航，当飞机降落的时候，聚集在机场上的欢迎者达到了3万多。从机场到首都广场不到20公里的道路上，自动聚集起来的人群超过了100万，里奥市长由于晚出发了一会儿，竟无法驱车去机场。在路途中，球员们被请进豪华汽车，几个主力球员则被人用手臂向前传递，4个多小时的路程，主力球员几乎脚不沾地，一直被送到总统府。

昨天的失败并不可怕，可怕的是因此而沉浸在痛苦中，面对昨天的失败要昂首挺胸，这样才能迎接明天的胜利。人生的成功需要环环相扣，每一个阶段的终点都意味着新的起点。忘记昨天，从零做起，这样你才有可能获得成功。昨天无论是成功还是失败，都不代表今天，更不代表明天，而只有把握好宝贵的今天，才能开创美好的未来。

正能量提示

卡耐基说，昨天已经是一张过期的支票，它已经过去了，我们就不要沉浸在其中。昨天的荣誉抑或是伤痛，都已经成为

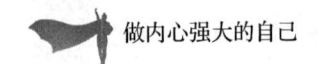

历史，我们应该以平和的心态去面对，这样才能更好地生活。

1.告别昨天，继续向前

一个人的记忆是有限的，将过去的东西记得太多，时间长了就会成为负担，而另外一些东西也就装不进去了。面对未来，我们必须学会忘记过去，随时删除记忆中那些无用的东西。昨天，我们也许有过成功与快乐，也许遭遇挫折与失败，然而对于那些日子，今天才是新的开始。所以，继续向前，告别昨天，踏上新的旅程吧！

2.生命中最重要的是今天

曾经有位茫然无助的年轻人向一位大师请教人生的问题："请问大师，人的一生中哪一天最重要，是洞房花烛夜那一天，还是金榜题名、事业有成那一天？"大师毫不犹豫地回答："都不是，生命中最重要的是今天。"年轻人茅塞顿开，领悟到其中的奥妙，最后成就了一番大事业。

第7章　提升社交魅力，做气场强大的人

气场，是全世界高端人物都在运用的成功秘诀，从世界首富比尔·盖茨到美国前总统奥巴马，有气场就能产生巨大的能量，就能吸引身边的人。在日常交际中，我们要善于施展出气场正能量，争取做能量强大的人。

微笑是打动人心的世界语言

世界上最伟大的推销员乔·吉拉德说："当你笑时，整个世界都在笑，一脸苦相没人理睬你。"成功学大师卡耐基认为，在这个世界上，最能够打动人心的世界语言就是微笑，说起来很简单，但是做起来却不那么容易。而且在很多时候，微笑是最简单最有效的示好手段。不知道你发现没有，微笑是最富感染力的表情，你所面对的有可能是一张哭泣的脸，也有可能是一张愤怒的脸，但只要你保持最友好的微笑，就一定会清除对方心里的不快，而且对方也会在微笑中得到感染，情绪会变得愉快起来。可以说，一个善意的微笑能够拉近彼此之间的距离。日本著名保险推销员原一平曾说："为了能够使我的微笑看起来是自然的、发自内心的，我曾经专门为此训练过，我假设各种场合和心理，自己面对着镜子，练习各种微

笑的面部表情。"这位坚持微笑的保险推销员,以自己灿烂的微笑征服了全世界。

有一次,原一平去拜访一位客户,在拜访之前他了解到这位客户性格内向,脾气古怪。见面后,为了营造轻松的气氛,原一平微笑着打招呼:"你好,我是原一平,明治保险公司的业务员。"客户情绪似乎很烦躁:"哦,对不起,我不需要投保,我向来讨厌保险。"原一平继续微笑着说:"能告诉我为什么吗?"客户忽然提高了声音,显得很不耐烦:"讨厌是不需要任何理由的!"

原一平知道客户发脾气了,但是,他依旧笑容满面地望着他:"听朋友说你在这个行业做得很成功,真羡慕你,如果我在我的行业也能做到像你这样,那真是一件很棒的事情。"听到原一平这样说,客户的态度稍有好转:"我一向讨厌保险推销员,可是你的笑容让我不忍拒绝与你交谈,好吧,说说你的保险吧。"

在接下来的交谈过程中,原一平始终面带微笑,客户在不知不觉中也受到了感染,谈到彼此感兴趣的话题时,两人都大笑起来。最后,客户微笑着在保单上签上了名字,与原一平握手道别。

原一平,这位身高只有1.53米,整体毫无气质和优势可言的保险推销员,却以自己的微笑征服了所有人。见过他的人都知道,在整个交谈过程中,他的微笑一直都在。他的微笑曾被评为"价值百万的微笑",因为那友善的微笑,他赢得了客户的信赖与好感。其实,不仅是原一平,任何一个发自内心的微笑，都具有神奇的力量。

卡耐基曾讲述了这样一个故事：

安东尼·圣艾修伯里是一位飞行员，在"二战"前，他参加了西班牙内战，为反法西斯贡献了自己微薄的力量。但不幸的是，飞行的一次失误使得他落入了法西斯的魔掌，在监狱里，看守的警卫一脸凶相，态度相当恶劣。

安东尼清楚自己很快将被拉出去枪毙，于是陷入了极度的惶恐与不安中。为了稳定情绪，他决定抽根烟，可是翻遍了口袋只找到一根香烟，没有找到火柴。安东尼看了看旁边的警卫，鼓起勇气开口借火，警卫冷漠地将火递给了他。当警卫帮安东尼点火的时候，警卫的眼光无意中与他的目光相接触，这时，不知是出于礼貌还是畏惧，安东尼竟然冲着那位冷漠的警卫微笑。不过，正是这抹微笑清除了他们心灵之间的隔阂。

受到了微笑的感染，警卫的嘴角也不自觉地现出了笑意。虽然安东尼知道他并没有此意，但是点完火的警卫并没有立即离开，两眼依旧盯着他，同时脸上还挂着微笑。安东尼也以微笑回应，仿佛彼此就是朋友。警卫的眼神中少了当初的凶悍之气，两人就这样聊了起来，对家人的思念和对自己生命的担忧使得安东尼的声音哽咽起来。警卫沉默着，后来他一言不发地打开了狱门，悄悄带着安东尼从小路逃离了监狱。

微笑，就是这样创造了奇迹。无论微笑是有意还是无意，都能够达到向他人示好的目的，安东尼的微笑深深地打动了一

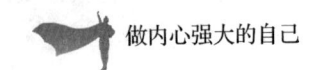

颗冷漠的心。微笑就这样征服了人心，赢得了他人的好感，在不知不觉中感染着对方，拉近了彼此的距离。

正能量提示

卡耐基认为，在人类的所有表情中，微笑是最有气场的能量，也是最具亲和力的能量。可以说，它是缩短人与人之间距离的有力武器。微笑是人际交往与信息交流的重要手段之一，人在情绪反应中，通过面部表情、声调变化和身体姿态，来实现信息传递并达到互相了解。于是，当一个人愁眉苦脸时，他所散发出来的是不舒服、痛苦的气场，传递的当然是负能量；而当一个人笑容满面时，他所散发出来的是愉快、幸福的气场，传递的自然是正能量。

1.微笑是种力量

卡耐基说，人与人之间的最短距离是一个可以分享的微笑，即便是你一个人微笑，也可以使你和自己的心灵进行交流和抚慰。微笑，虽然是一个无声的行动，传递的信息却是"我很满意你，你使我快乐，我很高兴与你共事"，无疑，这就是一种激励人心的力量。

2.学会微笑

在日常交际中，每个人都希望别人喜欢自己、重视自己，而微笑无疑是最能缩短人与人之间距离、消除人与人之间矛盾的法宝。当双方之间发生摩擦和冲突并逐步升级的时候，微笑就能浇灭怒火，化干戈为玉帛。所以与人交往的时候，请记得面带微笑，这如此简单的事情，却能传递出无穷的正能量。

学会微笑

卡耐基曾举了一个简单的例子，一个售货员的心情很好，于是给了顾客一个亲切的微笑；顾客的心情也变好了，回到家给了儿子一个微笑；儿子的心情也变好了，到学校给了所有同学一个微笑，微笑就这样一直传开了。这就是心理学中著名的微笑效应。心理学家通过研究得出这样一个结论：如果你决定提高自己的社交技巧，决定结婚或者至少跟一个人住在一起，决定追求有意义的目标并且在过程中、在小事上享受快乐，那么，你的幸福感就能提升10%～15%；如果你能不吝惜自己的微笑，亲和地对待他人，那么，你的幸福感就能提升20%～25%。微笑，能够撩动人心，让人亲近。

曾听卡耐基讲述了这样一个故事：

有一天，忧虑者向智者请教："尊敬的人间智者，请告诉我，如何才能跳出忧郁的深渊，享受欢乐呢？"智者微笑着说："那你就学会微笑吧，向着你每天所见的一切。"忧虑者感到很奇怪："可是，我为什么要微笑呢？我没有任何微笑的理由呀！"智者回答道："当你第一次向人微笑时，不需要任何理由。"忧虑者问道:"那么,第二次微笑呢?以后我都不需要任何理由就微笑吗?"智者笑着说:"以后,微笑会按它自己的理由来找你。"于是,忧虑者按照智者的指引,去寻找微笑了。

半年过后,一个人来到智者面前,告诉智者:"我就是半年前那个忧虑者。"现在,这个过去的忧虑者满脸阳光,嘴角上总是挂着真诚的微笑。智者问道:"现在,你有微笑的理由了吗?"曾经的忧虑者说道:"太多了,当我第一次试着把微笑送给那位我曾见过无数次面的送报者,他居然还我同样真诚的微笑,我发现天那么蓝,树那么绿。"说完,他又开始讲述自己的经历:"当我第二次把微笑送给那位不小心把菜汤洒在我身上的侍者的时候,我感觉到了他发自内心的感激,感受到了那份温情,而那份温情驱散了积聚在我内心的阴云。后来,我不再吝惜我的微笑,我把微笑送给了那些孤行的老人,送给了天真的孩子,甚至送给了那些曾经辱骂过我的人。我发现,我收获了多于我所付出几倍的东西,这里面有赞美、感激、信任、尊重,还包含着一些人的自责和歉意,而这都是人间最美好的感情,这让我变得更加自信、更加愉快,我更愿意付出微笑。"智者微笑着说:"你终于找到了微笑的理由,假如你是一粒微笑的种子,那么,他人就是土地。"

美国第一任总统华盛顿曾说:"一切和谐与平衡,健康与健美,成功与幸福,都是由乐观与希望的向上心理产生与造成

的。"原一平是日本的一位保险推销员,虽然他只有1.53米的个子,刚开始从事保险员这份工作的时候,原一平几乎连一分钱的保险都没有拉到。然而,他每天依然精神抖擞,一路上不断地用微笑和那些擦肩而过的行人打招呼。由于原一平的微笑总能感染别人,后来他成了日本历史上最出色的保险推销员,而他的微笑被评为"价值百万美元的微笑"。

正能量提示

原一平的微笑如此神奇,不仅给顾客带来了欢乐与温暖,也给自己带来了巨额财富和一世英名。其实在这个世界上,每一个发自内心的微笑,都具有神奇的力量。威尔科克斯说:"当生活像一首歌那样轻快流畅时,笑口常开乃易事,而在一切事都不妙时仍能微笑的人,才活得有价值。"微笑是种子,谁播种微笑,谁就能收获美丽。

1.记得每天面带笑容

早上出门之前,对着镜子,面带笑容,然后一直保持这个表情。其实,微笑不仅可以传递给身边的人正能量,也可以给自己补充正能量。试想,当你心情郁闷的时候,一个笑容可以给自己增强多少信心。

2.微笑是一种正能量的传递

卡耐基告诉我们:一个微笑,就是一个和善的信号,更是一种正能量的传递,叫以缩短心与心之间的距离,消除误解、

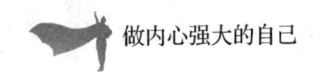

疑虑和不安，使他人有一种被尊重的感觉，满足他人最大的心理需求。

学会尊重他人

　　自尊是每个人必须学会的第一个原则。从小，我们就应该学会"站着"而不是"趴着"去仰望那些大人物，这样所建立的自信心与健全的人格会为我们的一生打下坚实的基础。卡耐基告诉我们：一个人的心灵世界，是要靠自尊来支撑的，尊严可以带给人自信，也可以改变一个人的命运，而这就是所谓的尊重法则。在哈佛大学里，每个人都是平等的，没有谁能够享受任何特权，因为每个人生下来都是平等的，他们有着同样的生存权利。

　　在哈佛的众多名校长中，劳伦斯·萨默斯是任职时间最短的一位。当然，并不是因为萨默斯的能力不够，或者说资历不强，而是由于萨默斯在某些方面不懂得尊重人，最终不得不告别了哈佛大学。

　　28岁的萨默斯获得了哈佛大学哲学博士学位，在1982—1983年间，萨默斯曾受雇于时任总统里根的经济顾问委员会。1983—1993年，萨默斯受聘为哈佛大学经济学教授，而且成为哈佛大学现代历史上最年轻的终身教授。1991—1993年，萨默斯在世界银行贷款委员会担任首席经济学家。1999—2001年，萨默斯担任克林顿政府第71任财政部部长。在美国历史上，萨默斯是一位名声显赫的人物，然而，正是这位声名赫赫的大人物，却在哈佛大学惨遭"滑铁卢"。

萨默斯是一个习惯"信口开河"的人，而正是这一习惯让他付出了惨重的代价。2001年，年仅47岁的萨默斯接任哈佛校长，在就职期间，萨默斯不经意说了一句："女性先天不如男性。"顿时，这一观点被斥责为"性别歧视"的论调，在哈佛大学引发了一场"反萨默斯"风潮。这样的后果是，萨默斯与同事关系紧张，严重影响了哈佛大学的团队精神。在一次投票中，哈佛的教职员纷纷向萨默斯投下了不信任票，在这样的舆论压力下，萨默斯只有主动辞职，他因此成为历届哈佛校长中就职时间最短的一位。

虽然劳伦斯·萨默斯在美国社会上是一位赫赫有名的人物，但是在哈佛大学，他不能享受一丝特权。萨默斯作为哈佛大学的校长，有管理学校的权力；同时，他又承担着相应的责任，他的言行举止必须受到哈佛广大教职员的监督。所以，在教职员的不信任票中，萨默斯被迫离开哈佛。哈佛民主治校的精神是"反对特权、崇尚平等"，几乎每一位哈佛学子都信奉在平等中获得尊重。而萨默斯一句不尊重女性的话，最终导致其威望值的下降。

纽约商人看到一个衣衫褴褛的铅笔推销员，出于内心的怜悯，塞给那人一元钱，但是过了一会儿，纽约商人意识到自

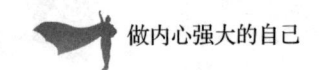

己的行为伤害了对方的自尊。于是,纽约商人返回来,从铅笔推销商那里要来几支铅笔,并解释道:"不好意思,我忘记拿笔了。"几个月过去了,纽约商人再次遇到了那位卖笔人,这时,卖笔人已经成为推销商。他感谢纽约商人道:"是你重新给了我自尊,告诉了我,我是个商人。"

我们应该记住:在日常交际中,尊重永远是社交的第一要素,在任何时候,面对任何人,都要懂得尊重。尊重,就好像一个接力棒,它所传递的是正能量,尊重别人或被别人尊重的人都会感受到这种正能量。

正能量提示

弗洛姆说:"尊重生命,尊重他人也尊重自己的生命,是生命进程中的伴随物,也是心理健康的一个条件。"只有真正学会尊重他人、尊重身边的每一个人,我们才能得到他人的尊重,才能与他人建立融洽和谐的人际关系。尊重,如同一把火炬,在心灵与心灵之间传递着信任与爱;尊重,又如同一把金钥匙,打开了所有上锁的灵魂。

第8章　社交正能量，助你轻松搭建人际圈

卡耐基认为，成功的人都是拥有高度人际关系智能的人。在日常交际中，我们要善于发挥社交正能量，用心观察对方的需求，真心诚意地与他们交往，这样不仅不会有冲突和矛盾发生，彼此间还会充满关爱，从而帮助我们轻松搭建人际圈。

站在对方的角度看问题

在日常交际中，我们要能够体会对方的情绪和想法，理解对方的立场和感受，站在对方的角度思考和处理问题，这样才能产生共鸣，也才能成功地进行沟通。在已经发生的事情中，把自己当成对方，想象自己是由于何种心理触发了整件事情。在整个心理过程中，由于自己先接纳了这种心理，所以也就接纳了对方的这种心理，最后谅解了这种行为和事情的发生，这与古人所说的"己所不欲，勿施于人"如出一辙。在人与人之间的沟通中，共鸣始终扮演着重要的角色。事实上，当我们站在对方的角度，同情、理解、关怀对方，接受对方的内在需求，并感同身受地予以满足，就可以产生共鸣，从而赢得对方的好感。

卡耐基租用了某旅馆大礼堂讲课。一天，他突然接到通

知,租金要提高3倍。卡耐基便前去与经理交涉。他说:"我接到通知,有点震惊,不过这不怪你。如果我是你,我也会这么做。因为你是旅馆的经理,你的职责是使旅馆尽可能赢利。"紧接着,卡耐基为他算了一笔账,将礼堂用于办舞会、晚会,当然会获大利。"但你撵走了我,也等于撵走了成千上万有文化的中层管理人员,而他们光顾贵旅社,是你花再多的钱也买不到的活广告。那么,哪样更有利呢?"经理被他说服了。

卡耐基所说的"如果我是你,我也会这么做",其实就是一种理解。当他站在经理的角度时,经理已经降低了防备心理。然后,卡耐基抓住了经理的兴奋点,使其内心产生共鸣,最终让经理心甘情愿地把情感的天平倾向了自己这边。

保险员李小姐一进门便开门见山说明来意:"李先生,我这次是特地来请您和太太及孩子投人寿保险的。"可是,王先生却异常反感地说:"保险是骗人的勾当!"李小姐并没有生气,微笑着问道:"噢,这还是第一次听说,您能跟我说说吗?"

王先生说:"假如我和太太投保3000元,这3000元现在可买一部兼容电脑,二十年后再领回的3000元,恐怕连电视机都买不到了。"李小姐又好奇地问:"这是为什么呢?"王先生很快地回答:"一旦通货膨胀,物价上涨,即会造成货币贬值,钱就不经花了。"通过这样的问话,李小姐对王先生内心的忧虑已基本了解。

李小姐首先维护李先生的立场："您的见解有一定的道理。假如物价急剧上涨二十年，3000元不要说黑白电视机买不了，怕只够买两棵葱了。"李先生听到这里，心里很高兴。但接着，精明的李小姐又给他解释了这几年物价改革的必要性及影响当前物价的各因素，进一步分析我国政府绝对不会允许旧社会那样通货膨胀的事情发生的道理，并指出以王先生的才能和实力，收入可能大幅增加。说也奇怪，经李小姐这么一说，王先生开始面带笑容，与李小姐相谈甚欢，当然李小姐最终获得了成功。

李小姐成功的秘诀就在于先是站在对方的立场来思考，设身处地，洞悉对方的心理需求，再进行引导，最终说服了王先生。由此可见，灵活地制造出共鸣能够有效影响对方的心理，而站在对方的角度思考问题，与对方实现内心的对话，又能产生心理共鸣。

正能量提示

卡耐基认为，当我们与他人意见有分歧的时候，会自觉地想到"如果我是你，我该怎么做"，其实这就是站在对方的角度看问题。当我们了解到对方的心理，再迎合其心理，自然就会赢得对方的好感，从而获得社交正能量。

在日常交际中，如何才能制造出"站在对方的角度看问题"的氛围呢？

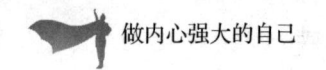

1."你的话有一定的道理……"

当对方表露出与自己全然不同的想法时,你应该说"你的话有一定的道理……"并通过语言分析强化对方想法的正确性,站在对方的角度,再进行积极引导,就可以制造出共鸣了。

2."如果我是你,我也会这样做"

汽车大王福特说:"假如有什么成功秘诀的话,就是设身处地替别人着想,了解别人的态度和观点。"于是,当对方说出自己的决定时,我们应该强调对方这种做法的合情合理性,了解对方当时的心理矛盾,以感同身受的态度影响其心理,再巧妙地说服对方。

3."咱们都是一家人……"

当你仔细观察对方身上所具备的特征之后,你会发现你们之间其实也有许多相同点,而此时需要的就是传递出"咱们都是一家人……"这样的信息,以制造共鸣。比如,"张先生,我也姓张,咱们五百年前可是一家人啊""王姐,您也是东北人啊,真是太巧了,我也是东北的"。

4."同是天涯沦落人"

相同的经历会有相同的感受,相同的感受自然会惺惺相惜,我们要巧妙地以此制造出共鸣。比如,"你以前在广州工作过?我早些年也在广州工作过""李姐,咱们做女人真的是不容易啊,既要照顾家庭,又要照顾孩子,生活压力真大啊",以此来影响其心理,达到说服对方的目的。

真诚沟通,赢得尊重

卡耐基认为,在人与人的交际中,真诚沟通往往会传递强大的正能量,产生意想不到的效果。曾经打败拿破仑的库图佐夫,在给叶卡捷琳娜公主的信中说:"您问我靠什么魅力凝聚着社交界如云的朋友,我的回答是'真实、真情和真诚'。"真诚,是说话成功的第一乐章,把话说得真诚,话才足以动听,也才能打动人心。白居易曾说:"动人心者莫先乎于情。"隐藏在话语里的至真至诚往往能使"快者掀髯,愤者扼腕,悲者掩泣,羡者色飞"。把话说得漂亮,并不在于华丽辞藻的堆砌,而是话里蕴含的真意、诚意。说话如果只求外表漂亮,而缺乏其中的真诚,那么,它所开出的只能是无果之花。或许,这能欺骗别人的耳朵,却无法欺骗别人的心。

卡耐基曾讲述了这样一个故事:

当公司还是一个小工厂的时候,露西作为公司的领导,总是亲自出门推销产品。而每次碰到砍价比较厉害的对手,她总会真诚地说:"我的工厂只是一家小作坊,这大热天的,工人们在炽热的铁板上加工制作产品,汗流浃背,他们该是多辛苦啊!但是,一想到客户,他们就会更加努力工作,好不容易才制造出了这些产品。为了对得起这些辛苦的工人,我们还是按照正常的利润计算方法,你看如何?"

听了这样真诚的话,客户开怀大笑,说:"许多来找我推销产品的人在讨价还价的时候,总是说出种种不同的理由,但是你说得很不一样,句句都在情理之中。我也能理解,你和你手下的工人都不容易,好吧,我就按你开出的价格买下来好了。"

露西的成功,在于真诚的说话态度,她的话语充满了情感,描述了工人工作的辛苦、创业的艰辛。从表面上看,语言本身并无矫饰,且异常淳朴,但正是语言的真诚、自然,才唤起了他人内心深切的同情。恰恰是露西通过语言表达出来的真诚,换来了对方真诚的合作。在生活中,人与人之间应该以诚相待,当你袒露了自己的真诚,相应地,也将收获对方给予的真诚。

北宋词人晏殊以说话真诚著称。在晏殊14岁时,有一次参加殿试,宋真宗出了一道题。晏殊看到试题之后,说:"陛下,十天以前我已经做过这个题目了,就请陛下另外再出一个题目吧!"宋真宗见晏殊如此真诚,对他十分信任,并赐予了"同进士出身"。

在晏殊任职期间,当其他大小官员都出去吃喝玩乐时,他都在家里与朋友们闭门读书。有一次,宋真宗点名要晏殊辅佐太子,对此,许多大臣都很疑惑,怎么会点一个"同进士出身"的人呢?宋真宗说:"近来大小官员经常出门吃喝玩乐,唯有晏殊与朋友们每天在家读书、写文章,如此自我谨慎,难道不是最合适的人选吗?"晏殊听后笑了,他向宋真宗谢恩,然后解释道:"其实我也是一个喜欢游玩的人,但因家里贫穷无法出去,如果我有钱,也早就溜出去玩了。"宋真宗听了,十分赞叹晏殊说话的真诚，对他也就更加信任了。

美国第16任总统林肯曾说："一滴蜂蜜要比一加仑胆汁能吸引更多的苍蝇。人也是如此，如果你想赢得人心，首先就要让他相信你是他最真诚的朋友。那样，就会像一滴蜂蜜吸引住他的心，也就是一条坦然大道，通往他的理性彼岸。"用真诚的话语打动人心，这本来就是最佳的沟通方式。

正能量提示

卡耐基说，与人交往，付出的十分真诚如果得到了八九分的回馈，那就是情有所值、利大于弊了。尽管有时候你没有收获同样的真诚，但你用自己的真诚形成的气场，将会吸引更多真诚的人来到你身边。

1.真诚的话才会打动人心

在日常生活中，说话流利、滔滔不绝、一泻千里的语言表达听起来虽然十分流畅优美，但其中若是缺少了真意诚意，那就失去了所有的吸引力。如此说话就如同一束没有生命力的绢花，很美丽但不鲜活动人，更缺少魅力。在说话的过程中，我们首先应该想到的是如何把自己的真诚融入语言中，如何把自己的心意传达给他人，因为只有当对方感受到你的真诚的时候，他才会打开心门，接受你表达的看法，而彼此之间才会有继续交流的机会。毕竟，只有把话说得真诚，话才会打动人心。

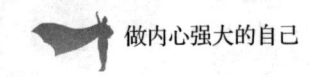

2.遵循杰亨利法则

杰亨利法则是以发明人杰瑟夫·卢夫特和亨利·英格拉姆的名字命名的。它的核心是,坚信相互理解能够提高知觉的精确性并促进沟通的效果。杰亨利法则主张运用坦率真诚的沟通方式,在人际交往中,沟通是无可避免的,而其中的问题同样是无可避免的。坦率、真诚是人际关系中的重要元素,同时也是促进沟通渠道畅通的有效保证。在任何时候,真诚都将是最受用的沟通方式。真诚是沟通的基础,无论对于说话者还是听话者来说,都至关重要。说话的魅力,并不在于说得多么流畅、多么滔滔不绝,而在于表达是否真诚。语言的美丽源于真诚,与人交往也贵在真诚。

用你的热忱感染对方

卡耐基认为,一个人的热忱可以融化所有的壁垒和防备,那是因为它传递的是一种积极的正能量。爱默生曾说:"有史以来,没有任何一项伟大的事业不是因为热忱而成功的。"热忱到底是什么呢?

卡耐基曾在自己办公桌上挂了一块牌子,在镜子上也挂了同样的一块牌子;而麦克阿瑟将军在南太平洋指挥盟军时,其办公室墙上也挂了这样一块牌子,这三块牌子上写着相同的座右铭:"你有信仰就年轻,疑惑就年老;有自信就年轻,畏惧就年老;有希望就年轻,绝望就年老;岁月使你皮肤起皱,但是失去了热忱,就损伤了灵魂。"这几乎是对"热忱"最好的赞美词。

当然,这并不是一段单纯而美丽的话语,而是迈向成功的必要途径。热忱,为我们所做的每一件事情都增添了趣味,能够软化他人的冷面孔。哪怕遇到一个再冷漠的人,只要我们怀着热忱的态度,就一定能融化对方、打动对方。

卡耐基曾讲了关于拿破仑的一个故事:

有一次,一位推销员来拜访拿破仑·希尔,希望他订阅一份《周六晚邮》。推销员满脸沮丧,拿着那份杂志向拿破仑提问:"你不会为了帮助我而订阅《周六晚邮》吧,是不是?"拿破仑一口就拒绝了推销员的要求,那位推销员阴沉着脸走了出去。

几个星期之后,另一位推销员来拜访拿破仑,她推销六种杂志,其中有一种就是《周六晚邮》。推销员看了看拿破仑的书桌,发现书桌上已经摆了几本杂志,突然忍不住热心地惊呼起来:"哦!我看得出来,你十分喜爱阅读书籍和各种杂志。"

拿破仑放下了手中的稿子,点点头。推销员走到书架前,从书架上取出了一本爱默生的论文集,便开口谈论起爱默生那篇"论稿酬"的文章,不一会儿,拿破仑也加入其中讨论。然后，推销员开始将话题转回到了订阅杂志的问题上，她问拿破仑·希尔："你定期收到的杂志有哪几种？"拿破仑·希尔回答了自己订阅的杂志名称，推销员脸上露出了笑容，随即摊开了自己的杂志，她开始分析："我觉得这里的每一种杂志你都需要订阅一份，《周六晚邮》可以让你欣赏到最干净的小说，《美国》杂志可以给你介绍工商界领袖的最新生活动态……像你这种地位的人物，一定要消息灵通、知识渊博，如果不是这样的话，一定会在工作中表现出来。"拿破仑笑了，问道："订阅这六种杂志一共需要多少钱？"推销员笑着回答："多少钱？整个数目还比不上你手中所拿的那一张稿纸的稿费呢！"最后她离开的时候，带走了拿破仑·希尔订阅六种杂志的订单。

两个推销员同样是向拿破仑推销杂志，但为什么那位女推销员最后获得了成功？事实上，拿破仑自己在回忆这件事情的时候，曾这样说："第一位推销员话中没有以热忱作为后盾，在他脸上充满阴沉、沮丧的神情，他并没有说出任何足以打动我的理由；那位女推销员开始说话时，我就从她身上感受到了那股热忱，她通过热忱感染了我、打动了我，促使我不得不订阅那六种杂志。"女推销员通过语言以及行为所传递出来的"热忱"软化了拿破仑的冷面孔，即使拿破仑在之前早已打定主意不理睬她，但是最终在热忱的感染与鼓舞下，心甘情愿地掏钱订阅了杂志。

第8章 社交正能量，助你轻松搭建人际圈

正能量提示

拿破仑·希尔说："热忱是一种意识状态，能够鼓舞及激励一个人对手中的工作采取行动。"其实不仅如此，热忱还具有极强的感染力，不仅对怀着热忱的本人产生重大影响，还能有效地感染他人、打动他人。对于这一点，卡耐基也是非常赞同的。卡耐基本人是一位崇尚热忱的人，他希望自己能被他人的热忱打动，并且在评估一个人的时候，他不仅考虑其能力，还考虑他是否有热忱。

1.热忱是一股涌动的力量

大量事实证明，热忱是交际中必不可少的要素，它能融化冰雪、能软化对方的冷面孔。也许，对方对你的热情一开始并不"感冒"，但是请不要着急，只要你能坚持热情似火，总会打动对方的。

2.缺少热忱，难以打动人

试想，一个人若是缺少了热忱，还能打动谁呢？在与人的沟通过程中，不论对方对自己的话题是否感兴趣，我们都应该满腔热情地和对方"套近乎"，保持友好的微笑，用自己的热情去打动对方，如此以诚相待，才能使交流顺利地进行下去。

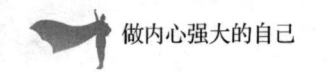

练就精练的语言，提升气场

在言语沟通的过程中，什么样的语言才能传递正能量呢？当然是精练的语言。卡耐基说："能管住自己的舌头是最好的美德，而善于约束自己嘴巴的人，会在行动上得到最大的自由。"这给我们这样的启示：话不在多，精练才行。在现实生活中，许多人说话有一个明显的弊病，那就是非常啰唆。他们把一些极为简单的问题复杂化，本来三言两语就能说清楚的问题，非要重复无数遍，结果越说越离谱，最后连自己也搞不懂在说什么。人们通常会从一个人的说话看这个人的做事风格，说话干脆、不拖泥带水的人，大多是自信心很强、办事果敢的人；而那些长篇大论、废话连篇的人，则通常思维比较迟钝，做事也显得犹豫不决、优柔寡断。

1863年7月1日，美国南北战争中的一场决定性战役在华盛顿附近的葛底斯堡打响了。经过三天的激战，北方部队大获全胜。战后，宾夕法尼亚等几个州决定合资在葛底斯堡建立国家烈士公墓，把牺牲的全体战士公葬在此。

公墓在1863年11月19日举行落成典礼，美国总统林肯也应邀到会作演讲。这对于林肯来说有很大的难度，因为这次仪式上的主要演讲者是美国前国务卿埃弗雷特，而林肯只是因为总统的身份才被邀请在埃弗雷特之后讲几句形式上的话。林肯非常明白埃弗雷特的演讲水平，他被公认为是美国最有演说能力的人，尤其是擅长在纪念仪式上的演讲。而林肯在他之后作讲话，无疑有"班门弄斧"之嫌，如果讲得不好，更会使自己的总统颜面丧失。

在典礼上，埃弗雷特那长达两个小时的演讲，确实非常精彩。结果轮到林肯总统讲话时，出人意料的是，他的演讲只有十句话，而从他上台到下台不过两分钟的时间，但是掌声却整整持续了十分钟。林肯的演讲不仅赢得了当时在场的一万多名听众的热烈欢迎，还在全国引起了轰动。当时有报纸评论："这篇短小精悍的演说简直就是无价之宝，感情深厚，思想集中，措辞精练，字字句句都很朴实、优雅，行文毫无瑕疵，完全出乎人们的意料。"就连埃弗雷特本人第二天也写信给林肯："我用了两个小时总算接触到了你所阐明的那个中心思想，而你只用了两分钟就说得明明白白。"林肯这次出色的演讲稿被收藏到了图书馆，演讲词被铸成金文存入了牛津大学，作为英语演讲的最高典范。

林肯在这次演讲中是靠什么取胜的？那就是简洁，他那简短有力的演讲比长达两个小时的精彩演讲更深入人心。很多时候，简洁的讲话比那些长篇大论更容易被人们所接受，"浓缩就是精华"。因为简洁，它所阐明的思想更有深度；因为简洁，它所表达的意思更加清晰；因为简洁，它所彰显的内容更有力度。

在剑桥大学的一次毕业典礼上，整个大礼堂里坐着上万名

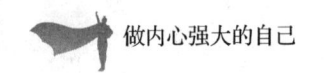

学生，他们在等候伟人丘吉尔的到来。在随从的陪同下，丘吉尔准时到达，并慢慢地走入会场，走向讲台。

站在讲台上，丘吉尔脱下他的大衣递给随从，接着摘下帽子，默默地注视着台下的观众。一分钟后，丘吉尔才缓缓地说出了一句话："Never Give Up！"（"永不放弃！"）

说完这句话，丘吉尔穿上大衣，戴上帽子，离开了会场。整个会场霎时掌声雷动。

这是丘吉尔一生中最后一次演讲，也是最精彩的一次演讲。他仅仅用了几个字，就将自己要演讲的内容全部说了出来，语言贵精不贵多，丘吉尔就是用简洁的语言达到了这个目的。

正能量提示

卡耐基认为，那些思维和认识能力都极为突出的人，说话就会简洁精致，不会把一句话翻来覆去地说。而在当今社会，由于生活节奏快，人们的时间观念强，说话更需要精练，拒绝拖泥带水。

1.话不在多，达意则灵

最会说话的人，往往是语言简洁明了的人。语言的精髓，在精而不在多。那些喋喋不休的人就是口才最差的人，说了一大堆也没有说出主旨，反而还认为自己很棒。事实上，要真正地将自己的话说得高效，就必须让自己的语言简练，让对方能在最短的时间内明白你所说的意思。

2.简洁更有力度

在实际生活中,要想你的语言表达获得较好的效果,就必须讲究语言的简洁、精练,能让他人在较短的时间里获取较多有用的信息;相反,如果你只是空话连篇、言之无物,那么就是浪费他人的时间。毕竟,简洁的话语才显得更有力度,也更容易被听众所接受。

第9章　排除负面情绪，快乐可以练出来

其实，情绪就是一切能量的来源。当一个人产生负面情绪的时候，围绕在他周围的就是负能量；反之，当他心情愉悦的时候，他身上所爆发出来的就是正能量。因此，任何时候我们都需要做情绪的主人，尽可能地激发出潜在的正能量。

用理智看待事物，不被情绪掌控

卡耐基说，无论何时何事，都不要轻易否定，存在即有其合理性。当我们学会理智地看待事物，不被情绪所左右的时候，我们所激发出的就是情绪正能量。在生活中，许多人习惯于感性用事，当生气或愤怒的时候，常常是脸红耳赤，恨不得把心里所有的消极情绪都发泄出来；若是意志消沉的时候，就一蹶不振、自暴自弃，随意贬低自己。其实，若凡事都以感性对待，很有可能会掩盖事情的真相，甚至做出一些后悔的举动。所以，面对任何事都要理智对待，像余秋雨先生一样，对任何事任何人都要给予一个申辩的空间。而面对情感，则需要感性释放，因为情感压抑得太久，有可能会导致心理疾病。

卡耐基曾讲述了这样一个故事：

我的朋友芬妮是一位脾气暴躁、情绪容易激动的女孩子。

由于她的坏脾气，交往多年的男朋友也离开了她。我们都为她感到惋惜，而芬妮也觉察到了自己的坏脾气。有一天，芬妮特地找到我，说："如何才能改掉我的坏脾气呢？"因为我以前曾在哈佛大学学习过，熟悉一些心理学方面的知识。

我想了想，拿出两个透明的刻度瓶，然后分别装上了一半刻度的清水，随后又拿出了两个塑料袋。芬妮帮我打开，发现里面是白色和蓝色的玻璃球。我对芬妮说："当你生气的时候，就把一颗蓝色的玻璃球放到左边的刻度瓶里；当你克制住自己的时候，就把一颗白色的玻璃球放在右边的刻度瓶里。最为关键的是，现在你应该学会理性控制自己的情绪。"

芬妮一直照着我的建议去做，过了一段时间，我和芬妮一起把两个瓶中的玻璃球都捞了出来，我们发现，那个放蓝色玻璃球的水变成了蓝色。这时，芬妮才知道那些蓝色玻璃球是我把水性蓝色涂料染到白色玻璃球上做成的，这些玻璃球放到水中以后，蓝色染料溶解到水中，水就变成了蓝色。我趁机对芬妮说："你看，原来的清水中被投入'坏脾气'，也被污染了；同样的道理，你的言行举止也会感染人，就像这个玻璃球一样，所以，一定要理智地控制好自己的言行。"

当我再一次拜访芬妮的时候，我惊喜地发现，那个放白色玻璃球的刻度瓶竟然溢出了水。其实，我教会芬妮的方法就是"把自己当成一个思想的旁观者"，这样有助于我们理智地面对事物。渐渐地，芬妮学会了把自己当成一个思想的旁观者，

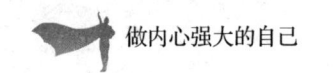

生活开始步入正轨。听说,最近她刚交了一个男朋友,生活对于她来说,似乎变得越来越美好了。

在生活中,总有一些不如意的事情,对此卡耐基告诉我们:当你要发脾气的时候,第一件应该做的事就是尽量让自己安静和放松下来,先以理智的眼光来审视问题,想一想目前出现了什么情况,而不是顺其自然地乱发脾气,被情绪牵着走。如何理性地对待事物?那就是学会换位思考,或者直接置身事外。

有一位禅师十分喜爱兰花,他花费了许多时间来栽种兰花。所有的弟子都知道禅师把兰花当成了自己生命的一部分。有一次,禅师要外出云游一段时间,在临行前特意交代弟子:"要好好照顾寺里的兰花。"在禅师云游的这一段时间里,弟子们都很细心地照料着兰花,但是,有一天在浇水时不小心将兰花架碰倒了,所有的兰花盆都跌碎了,兰花也撒了满地。弟子们感到十分恐慌,并决定等禅师回来后,向禅师赔罪。

过了一段时间,禅师云游归来,得知了这件事,便立即召集所有的弟子,非但没有责怪,反而说道:"我种兰花,一是希望用来供佛;二是为了美化寺庙环境,不是为了生气的。"

禅师喜欢兰花,是对情感的一种感性释放。面对弟子不小心弄坏了兰花的事实,禅师非但没有生气,反而安慰弟子们,这就是理智地对待事情。禅师之所以能看开,是因为他虽然喜欢兰花,但心中却没有兰花这个障碍。兰花的得失并不会影响他的情绪,他是以理性的思维来看待这件事情的;而且,禅师明白，事已至此，自己生气又有什么用呢？只会坏了心情，扰了情绪，不如理性看待。

正能量提示

卡耐基告诉我们，不管发生了什么事情，不管自己处于什么样的位置，都需要好好把握积极情绪带给我们的力量，而不是自寻烦恼，任自己被负面情绪所困扰。这是因为，只有积极情绪才会激发出正能量，消极情绪只会带给我们负能量，并将我们推进痛苦的深渊。

1.理性看待事物

我们应该学会反思，在面对许多事情的时候，往往是感性反应先于理性反应，所导致的结果是常常看不到事情的本质，掩盖了事情的真相。所以，每次感性冲动的时候，我们都应该认真反思自己的观点与行为，时间一长，就会改变自己的思维习惯，使自己置身事外，从而更加理性地看待事物。当然，任何时候我们都需要感性释放情感，因为这是人之常情。

2.看待事情，一分为二

余秋雨说："用诚实、理性的方法来面对各种文化课题，如历史上的反面人物，我们应该重新给予一个逻辑的梳理，使他们有一个申辩的空间，完成自己的逻辑推演过程。在没有可能硬性的历史事件中，寻找属于个体的软性，我认为这种寻找是符合理性精神的。"面对历史上臭名昭著的奸臣秦桧，余秋

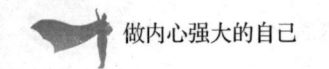

雨也给了一个申辩的空间："有时，人品低下、节操不济的文士也能写出一笔矫健温良的好字来，据我所知，秦桧和蔡京的书法实在不差！"

做自己情绪的主人

卡耐基说："其实每个人都生活在自己的围城里，巨大的竞争压力使人们渐渐忘记了自我欣赏和肯定，进而失去了寻找自我意识的目标和方向。"好心情，本身就是一种正能量。其实，快乐是一种由心而生的乐观心态，它来源于人们克服困难的勇气和对生命归宿的信仰。同样的道理，情绪也是由心生，同时也是由心来控制。那么，我们将如何调整情绪，给自己一份快乐的心情呢？当然，快乐的资本并不在于财富的多少，而是与人们的信念、家庭、自我价值感和个人情绪有关，好心情是个人愿望达成之后的积极态度体验。因此，合理的期望将直接决定着快乐的程度。情绪大多数来源于人们看待事物的方式，一旦理解上出现了问题，往往会产生不正常的情绪反应，从而导致情绪不佳。所以，调整自己的心态，争做情绪的主人。

有一个小女孩从小生活在孤儿院，她常常悲观地问院长："像我这样没人要的孩子，活着究竟有什么意思呢？"每次，院长总是笑而不语。

有一次，院长交给女孩一块石头，对她说："明天早上，你拿这块石头到市场上去卖，但不是真卖，记住，无论别人出多少钱都不能卖。"第二天，女孩拿着石头蹲在市场的角落，发现不少人对她的石头感兴趣，而且，价钱越出越高。回到孤儿院，女孩兴奋地向院长报告情况。院长笑了笑，吩咐她明天拿到黄金市场上卖。在黄金市场上，有人出比昨天高十倍的价钱来买这块石头。

后来，女孩又将石头拿到宝石市场上展示，结果石头的身价又涨了十倍。可是，女孩怎么都不卖，人们都将那块石头视为"稀世珍宝"。女孩高兴地捧着石头回到孤儿院，问院长："为什么会这样呢？"院长望着女孩缓缓说道："生命的价值就像这块石头一样，在不同的环境下就会有不同的意义。一块不起眼的石头，由于你的珍惜而提升了它的价值，竟被传为稀世珍宝，你不就像这块石头一样吗？只有自己看重自己、珍惜自己，生命才有意义。"

如果自己都不看重自己、不珍惜自己，别人又怎么会看重你呢？生命的价值往往取决于自己的心态，只有你珍惜自己、看重自己，别人才会认同你的价值。乾隆皇帝下江南的时候，站在桥头之上，问身边的大臣："桥下熙熙攘攘的船有多少条？"大臣回答："两条，一条是名，一条是利。"船尚且如此，更何况人呢？人们往往为名所累，因欲海无边而算计，为生计而忙碌奔波，他们常常因为这样或那样的事情灰心丧气、情绪失

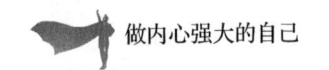

落、患得患失。其实，生命苦短，怎能让苦恼常相伴呢？

卡耐基讲述了这样一个故事：

汉姆嗜酒如命，有好几次都差点没命了。有一次，他在酒吧里看一个酒保不顺眼，当即就杀了他，因而被判了死刑。汉姆有两个女儿，年龄相差一岁，其中一个女儿染上了毒瘾，平日靠偷窃和勒索为生，同样也由于犯罪而进了监狱。可另一个女儿却截然相反，她在一家公司担任经理，有着美满的婚姻和可爱的孩子，身上没有任何不良行为。

两个人有同一个父亲，在完全相同的环境下长大，为什么却有着完全相反的命运呢？在一次电视访问中，当记者问到造成她们现在状况的原因，两人的回答却惊人的相似："有这样的父亲，我还能有什么办法？"

在生活中，许多人认为有什么样的环境就会造就什么样的人生，其实这并不是绝对的，因为无论是情绪还是心态都是由我们自己所决定的。面对同样的父亲，一个女儿选择了自暴自弃，另一个女儿却选择了拼搏，不同的心态铸就了她们截然相反的人生。

正能量提示

哲人说："要么你去驾驭生命，要么生命驾驭你，你的心态决定谁是坐骑，谁是骑师。"最快乐的人并不会觉得一切东西都是美好的，他们只是满足于自己所拥有的一切；最快乐的人并不会觉得人生总是一帆风顺的，他们只是用积极的心态来面对生活。

卡耐基认为，决定一个人命运的关键就是心态。人生并非只有愤怒和无奈，因为情绪是可以由我们自己把握和调控的。情绪是人生的控制塔，一个人有什么样的心态，就会有什么样的生活和命运。

1. 良好的心态才能控制好情绪

有两位老太太，在生命的最后旅程里，一位选择坐在家里，足不出户，颐养天年；另一位选择学爬山，并在95岁高龄时登上了日本的富士山，打破了攀登此山年龄的最高纪录。一个人要想主宰自己的人生，就必须培养自己良好的心态。当一个人有了良好的心态，才能控制其情绪，才能享受生活赋予的快乐和幸福。因此，不要让消极的念头占据你的思想，任何时候都应该保持积极乐观向上的心态。

2. 掌控自己的情绪，也就掌握了心情

自然，情绪与心态是相通的，有乐观心态的人，他们的情绪大多时候都会处于平静状态；而有悲观心态的人，他们的情绪大多时候都会处于抑郁状态。但是，无论一个人多么有能力，一旦缺乏良好的心态，就什么事情都做不成。良好的心态能产生巨大的力量，有了它，我们就能把握自己的命运，从而实现人生的理想。我的心情我做主，但首先要掌控自己的情绪。

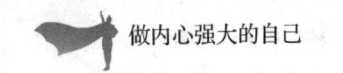

释放压力，拒绝消极情绪

负能量之源是负面情绪，而负面情绪又来自哪里呢？或许我们都忽视了，生活中太多的负面情绪是因压力太大而造成的。对此，卡耐基建议我们，学会释放压力，拒绝负能量。缓解内心压力、发泄负面情绪的方法很多，其中不乏看看电影、听听音乐这样既轻松又恰当的方法。那些轻松、畅快的音乐不仅能给人带来美的熏陶和享受，而且能够使人的精神得到放松。所以，当你紧张、烦闷的时候，不妨多听听音乐，让优美的音乐来化解精神上的压力和内心的苦闷。和音乐有着相同"疗效"的还有电影，曾经有位朋友这样说："每次心里感到苦闷的时候，我就会看周星驰的《唐伯虎点秋香》，边看边笑。到现在为止，我已经记不清楚自己看过多少遍了。"足以见得，电影能带给我们轻松的心境。

其实，音乐和电影有一个共同的特点，即它们都是艺术。当一个人被负面情绪所困扰，感到精神压力巨大的时候，把自己置身于艺术的境界中，卸下心中的负担，就会发现，自己感受到一种前所未有的轻松，畅游在艺术的殿堂里，忘记了烦恼，心绪变得平静，心境变得宁静，那些压力、愤怒就在这样的心境中慢慢释放，最终让心回归到一种平静。

当然，音乐是具备选择性的，烦闷、愤怒时人们都更倾向于听自己最喜欢的歌曲，其中，轻音乐是一个最好的选择。因为，它不像摇滚乐那样刺耳、嘈杂，更适合需要安抚的情绪、心境。

轻音乐可以营造温馨浪漫的情调，带有休闲性质，因此又得名"情调音乐"。它起源于"一战"后的英国，在20世纪中期达到了鼎盛，在20世纪末期逐渐被新纪元音乐所取代并影响至今。班得瑞是轻音乐中的经典乐队之一，曾有人说"班得瑞"是"来自瑞士一尘不染的音符"。"班得瑞"来自瑞士，它是由一群年轻作曲家、演奏家及音源采样工程师所组成的一个乐团，在1990年红遍欧洲。"班得瑞"不喜欢在媒体面前曝光，喜欢深居在阿尔卑斯山林中，清新的自然山野给"班得瑞"乐团带来了源源不绝的创作灵感，也使他们的音乐拥有最自然脱俗的风格。

当你缓缓地闭上眼睛，再放上"班得瑞"那一尘不染的天籁之音，就会发现那些不沾尘埃的音符，静静地流淌着，带走了一直压在你心中的忧虑，让你的心灵在水晶般的音符里沉浸、漂净。清新迷人的大自然风格，反璞归真的天籁，如香汤沐浴，纾解胸中沉积不散的苦闷，扫除心中许久以来的阴霾，让你忘记忧伤，身心自由自在。

在充满竞争的现代社会，每个人都会或多或少地遇到一些压力。但是，压力既可以成为我们前进的阻力，自然也可以成为动力，关键看我们如何去面对。这个社会是不断进步的，人

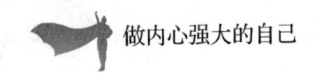

在其中不进则退。所以,在遇到压力的时候,最有效的办法就是自我缓解,如果暂时承受不了,一定不要让自己陷入其中,可以通过看电影、听音乐,让自己紧张的心情渐渐放松下来,重新去面对,这时你往往会发现压力并没有那么大。

正能量提示

卡耐基表示,音乐和电影逐渐成为许多人发泄情绪、释放压力的方式之一,有了音乐和电影,就算一个人待在黑暗中也会感到安全、感到充实。曾遇到过一位信奉基督教的朋友,她这样讲述自己的经历:"最近老是被烦心事困扰,心变得敏感细腻,那天回到住的地方,居然发现自己没有带钥匙,同住的朋友又没有回来,一个人站在空旷的过道里,除了恐惧,还有一点对朋友的憎恨。有趣的是,那天我正好带了《圣经》,无聊之余,我翻开它,借着灯光朗读起来,还唱起了圣歌。后来,朋友回来了,我内心早已回归了平静,不再抱怨,也不再生气。"音乐带给我们的除了愉快,还有一份灵魂的寄托。

除了听音乐、看电影等具体方式,我们还需要调整心态。

1.调整心态

有的人总是喜欢把别人的压力挪在自己身上。比如,看到同事晋升了、朋友发财了,自己总会愤愤不平:为什么会这样呢?为什么就不是自己呢?其实任何事情,只要自己尽力就行,任何东西都是着急不来的,与其让自己陷入无谓的烦恼,

不如以积极的心态来面对，努力调整情绪，让自己的生活更加丰富多彩。

2.解开心结

人们在社会生活中的行为像极了一只小虫子，身上背负着"名利权"，因为贪求太多，把负担一件件挂在自己身上，不舍得放弃。假如我们能够学会放弃，轻装上阵，善待自己，凡事不跟自己较劲，这样，压力自然也就得到缓解了。

3.转移压力

面对生活的诸多压力，转移是一个最好的办法。当压力变得太沉重，我们就不要去想它，而要把注意力转移到让自己轻松快乐的事情上来。当自己的心态调整到平和状态以后，就不会再害怕眼前的压力了。

4.感谢压力

人生不可能没有压力，否则我们的人生就不会进取。没有压力，我们的生活或许变了模样。因此，当我们尽情享受生活的乐趣时，应该对当初困扰我们的压力心存一份感激，因为有了压力，我们才能走得更远。

不要用别人的错误来惩罚自己

生气是负面情绪，而很多时候，我们都是在用别人的错误来惩罚自己。对此,卡耐基告诫我们,不要给负能量以可乘之机,不要用别人的错误来惩罚自己。德国哲学家康德说:"发怒,是用别人的错误来惩罚自己。"在现实生活中,喜欢生气的人不在少数,可是当有人问道:"你为什么生气?"他们却支支吾吾,答不上来,似乎已经忘记了自己生气的初衷,气是怎么样一点点累积起来的。有人对此做过一项调查,那些经常生气的人,他们从来不重视生气的理由,一旦被详细地询问,他们会给出一些不是理由的理由,诸如,"我就是看他不顺眼""凭什么,他就表现得那么嚣张,我气不过",等等。在对这些理由的阐述过程中,他们提到最多的都是"他",其实自己的利益根本没有受到任何损失,生气只是因为"他"的错误。这时候你才会发现,自己生气真的是用别人的错误来惩罚自己。那么,何必要用他人的错误来让自己深陷负面情绪呢?

卡耐基曾讲述了一个东方的故事:

有一天,佛陀在竹林休息的时候,突然有一个婆罗门闯了进来。由于同族的人都出家到佛陀这边来,这位婆罗门对此感到很生气。见到了佛陀,婆罗门就开始胡乱责骂。佛陀并没有说话,等到他将心中怒气发泄完以后,安静了下来,才问:"婆罗门啊,在你家偶尔也会有访客吧?"婆罗门感到很奇怪:"当然有,你何必这样问?"佛陀笑了,问道:"婆罗门啊,那个时候,你也会偶尔款待客人吧?"婆罗门点点头:"那是当然了。"佛陀继续问道:"婆罗门啊,假如那个时候,访客不接受你的款待,那么,这些菜肴应该归于谁呢?"婆罗门想也不想,就回答:"要是他不吃的话,那些菜肴只好再归于我!"

佛陀看着他,又说道:"婆罗门啊,你今天在我的面前说了这么多坏话,但是我并不接受它,所以,你的无理胡骂,那是归于你的!婆罗门,如果我被谩骂,然后再以恶语相向的时候,就犹如主客一起用餐一样,因此,我不接受这个菜肴。"然后,佛陀说了这样几句话:"对愤怒的人,以愤怒还牙,是一件不应该的事情。对愤怒的人,若是不以愤怒还牙,将可以得到两个胜利:知道他人的愤怒,而以镇静自己的人,不但能胜于自己,也能胜于他人。"婆罗门接受了这番教诲,并出家于佛陀门下,后来成为阿罗汉。

佛陀告诉我们:"在不顺利的境况下,能够做到不生气、不发怒,这本身就是一种生活智慧。"最近,在朋友群中流行着这样一句短信:我生什么气?我生气是拿你的错误来惩罚我自己。与其耗费多余的精力去生气,不如好好打理自己的心情。

这天,因为同事在工作上对自己十分无礼,莉莉非常生气。而且,由于自己是刚刚到这家公司上班,还没有找到可以畅谈内心感受的女同事。于是,她将气愤的情绪带回了家,一个人坐在沙发上生闷气,不做饭,越想越生气;甚至,内心有一种冲动:干脆辞职吧,这样的同事,以后怎么共事?

正在这时,电话铃响了,原来是自己的闺中密友雯雯。

在电话里，雯雯邀请莉莉周末一起逛街，莉莉没好气地回应一声："哦。"雯雯似乎从语气中听出了不快，关心地问道："出了什么事情吗？今天工作顺利不？"这话可问到了关键点上，于是，莉莉一股脑儿把心中的苦闷说了出来，没想到电话那边却传来了一阵笑声。莉莉有些生气："我正生气呢，你还这样嘲笑我。"雯雯笑着说："莉莉，你没有听说过吗，最近很流行这样一句话，生气是拿别人的错误来惩罚自己，既然错在你同事，你生什么气呢？看你在家气得不吃饭、不说话、不开心，说不定你的同事这会儿还很开心呢！别想那些事情了，小事一桩，不值得生气。"听了雯雯的分析，莉莉明白了，自己真的陷入了不良情绪中，生什么气呢？该干什么就干什么去吧！

的确，当自己生气的时候，不妨冷静地细想，自己的生气是不是大多数是因为他人呢？真正的错误并不在自己，何必要在自己心中点一把火呢？有时候，令自己生气的人已经走远了，还在为他生气，这值得吗？那些令自己生气的事情已经过去很久了，还在为它生气，这又何必呢？在更多的时候，我们都是拿别人的错误来惩罚自己，而在惩罚自己的同时，也达不到纠正别人错误的目的。所以，与其拿别人的错误来惩罚自己，倒不如以自己良好的美德来显示对方的缺陷。

正能量提示

生气是对自己的惩罚，有人对此不理解，生气所发泄的对

象都是别人，怎么自己还成了惩罚对象呢？其实不然，生气对一个人的健康能造成极大的危害。

1.心由境造

"得意时淡然，失意时坦然"，心由境造，我们所面对的是一个多变的世界，可能，我们改变不了环境，但是，我们可以改变自己；可能，我们改变不了事实，但是，我们可以改变态度。正所谓"大肚能容天下难容之事，笑天下可笑之人"，如果你知晓了这个道理，那还有什么气可生呢？

2.没什么值得生气

有一位智者，他脾气十分温和，几乎从来不生气。弟子好奇地问他："师傅，难道你就永远不会生气吗？"智者微微一笑："生气是什么呢？每当事情发生了以后，我都会告诫自己，事情可以比现在更糟糕的，看来我还算幸运的，所以，有什么值得生气的呢？如果有人犯了错误，错误本身在于他自己，我何必要生气呢？每天，我都来不及感受生活的快乐，哪有什么时间来生气呢？"

第10章　善于沟通，让人际交往无障碍

当一个人面带微笑，即便是面对一个凶神恶煞的人，也可以感化他，得到他友好的态度。这就是沟通的正能量，不仅能给予我们自己以强大的正能量，而且能传递给对方一份正能量。当然，交际中的沟通正能量，不止于此，还在于我们如何打动对方，赢得好感。

良好的人际关系从打招呼开始

卡耐基认为，即便是一个礼貌性的招呼，也是不容忽视的，因为这也是在传递微笑正能量。我们在每天的人际交往中，都会频繁地与人打招呼，招呼表示一种问候、一种礼貌、一种热情。千万不要忽视了招呼的作用，一个小小的招呼是我们人际交往中的润滑剂。对同事的一个招呼，可以有效地化解彼此之间的敌意；对朋友的一个招呼，可以唤起彼此之间深厚的友谊；对陌生人的一个招呼，可以减少彼此之间的陌生感。总而言之，一个招呼可以使人与人之间的关系更加和谐、融洽，从而赢得他人的好感。特别是我们在与陌生人的交往中，一个独特而恰到好处的招呼更是必不可少。

卡耐基曾讲述了这样一个故事：

第10章 善于沟通，让人际交往无障碍

1930年，西蒙·史佩拉传教士每天都会在乡村的小路上散步，而且时间很长。当他一个人漫步在那小路上，无论碰见谁，都会友好地打声招呼。在小镇边缘的一个田庄里有一个叫米勒的人，他很冷漠。西蒙·史佩拉传教士每天经过时都看到米勒在田间辛勤地劳作，总会热情地向他打个招呼："早安，米勒先生。"

当史佩拉第一次向米勒道早安时，米勒根本没有理睬，只是转过身子，看起来就像一块石头。在这个小镇里，犹太人与当地居民相处得并不好，更不可能把这种关系提升到朋友的程度。不过，这并没有妨碍或打消史佩拉传教士的勇气和决心。一天又一天过去了，他总是以温暖的笑容和热情的声音向米勒打招呼。终于有一天，农夫米勒向传教士举举帽子示意，脸上也第一次露出了一丝笑容。以后，每天早上，史佩拉都会高声地说："早安，米勒先生。"那位农夫也会举举帽子，高声地回道："早安，西蒙先生。"这样的习惯一直延续到纳粹党上台为止。

当纳粹党上台后，史佩拉全家与村中所有的犹太人都被集合起来送往集中营，最后他被关押在一个位于奥斯维辛的集中营。从火车上被赶下来之后，他就在长长的行列之中，静待发落。在行列的尾端，史佩拉远远地就看见营区的指挥官拿着指挥棒一会儿向左指，一会儿向右指。他知道发派到左边的就是死路一条，发配到右边的则还有生还机会。他开始紧张

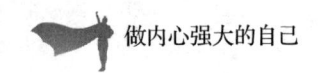

了，越靠近那个指挥官，他的心就跳得越快，自己到底是左边还是右边？

终于，他的名字被叫到了，突然之间血液冲上他的脸庞，恐惧却消失得无影无踪了。然后那个指挥官转过身来，两人的目光相遇了。他发现那位指挥官竟然是米勒先生，史佩拉静静地朝指挥官说："早安，米勒先生。"米勒的一双眼睛看起来依然冷酷无情，但听到他的招呼突然抽动了几秒钟，然后也静静地回道："早安，西蒙先生。"接着，他举起指挥棒指了指说："右！"他边喊还边不自觉地点了点头。"右！"——意思就是生还者。

一个小小的招呼——"早安"，竟挽救了自己的生命。《塔木德》上说："请保持你的礼貌和热情，不管对上帝，对你的朋友，还是对你的敌人。"如果你能够奉行这一原则，就会在复杂的人际交往中获益匪浅。有时候，一个看似不经意的招呼，却会加深你在陌生人心中的印象，会增加陌生人对你的好感。正是那真诚的招呼感动了刽子手，使得史佩拉生存下来。

正能量提示

其实，向一个陌生人打声招呼并不是一件困难的事情。只是需要我们在见面时问候一声"早上好""中午好""晚上好"，即便只是一个微笑、点头，那也是一个招呼。有时候，并不需要挖空心思去与对方寒暄几句，只是打声招呼，就足以唤起对方心中的温暖。没有一个人能够拒绝温暖的微笑和热情的声音，这不仅能够博得对方的好感，也能够温暖对方冰冷的心。

1.多一份亲切感

也许在初次见面打招呼的时候，双方都会觉得有点不自然，彼此是陌生的，也不会有多少感触。但是，当你们第二次在大街上碰到，你不经意地喊出对方的名字，跟对方打个招呼，对方就会有种说不出来的亲切感。其实，人与人之间的关系就是这样建立起来的，仅仅一个招呼就足以让双方不再陌生。

2.拉近双方之间的距离

在日常生活中，领导和下属打招呼，正是悄悄地拉近上下级之间距离的好方法。这时候，领导不再高高在上，而是像朋友般亲切。因为一声招呼、一句问候成了朋友，领导与下属之间就是一种平等的关系，当工作出现了问题，双方就可以互相讨论如何来解决。

给对方留下美好的第一印象

卡耐基认为，一个人身上是否潜藏着微笑正能量，就在于一个人给人的第一印象。一个人的形象魅力大多体现在第一印象上,何谓第一印象?第一印象是两个陌生人相见时的最初印象,是通过对对方衣着、谈吐、风度等的观察给其作的初步评价。第一印象的作用举足轻重,它往往是继续交往的根据。简单地说,能否给他人留下良好的第一印象,往往决定着你能否赢得他人的好感。这是因为第一印象一旦建立起来,对后面获得信息的理解和组织就会有强烈的定向作用。由于人们具有保持认知平衡与情感平衡的心理功能,因此,更倾向于使后来获得的信息的意义与已经建立起来的观念保持一致,而人们对于后来获得的信息的理解,往往是根据第一印象来完成的。所以在日常交际中,我们要时刻保持一个得体、优雅、文明的外在形象,给他人留下良好的第一印象,在见面的一瞬间就赢得对方的好感。

阿东是公司的人事部经理,曾面试过上千人,为公司发掘了不少优秀的人才。不过,阿东非常看重一个人的第一印象。

有一次,阿东无意中看见了一个应聘者的简历,高学历、出色的工作履历让阿东这个阅人无数的经理也心动了。还没有见到那个人,阿东已经给他打了很高的分数,甚至求贤若渴的他推迟了其他的工作,专门为这个应聘者安排了一场面试。

这天中午,在约定的面试时间里,阿东见到了那位优秀的应聘者,只见他身穿浅黄色的衬衣和灰色西裤,头发有些凌乱,胡须也没有修剪。这样的形象顿时让阿东大跌眼镜,这和想象中的样子差距也太大了吧！在阿东的指引下，面试者在对面坐了下来，当时正值盛夏季节，一股怪味扑鼻而来，阿东寻找源头，竟发现是对面那个面试者身上散发出来的。阿东仔细打量，发现面试者身上本来穿的是一件白色的衬衣，但由于汗渍长期的积累而泛出了黄色，就连深色的西裤也依稀看到汗渍和油污。

这时，阿东心中的好感已经荡然无存。简单地聊了几句就结束了面试，而阿东也决定不录用他，尽管内心觉得很遗憾，但他坚信自己的判断。

虽然，我们常对自己说"不要以貌取人"，但几乎所有人都无法做到这一点，而且很多人习惯在初次见面就以貌取人。所以，在日常交际中，我们的服饰、发型、手势、声调和语言等自我表达时刻都在影响着他人对我们的判断，不管我们愿意与否，我们都在给对方留下关于自己的印象。有的人认为只要自己能力强，工作表现好，肯定会赢得上司的好感，其实并不是这样。一旦自己与他人能力差不多，表现也都出色的时候，第一印象将显得格外重要。

正能量提示

卡耐基说，与人交往的主要目的是赢得他人的好感，而首先就是要给他人留下良好的第一印象。其实，给别人的第一印象是可以进行自我修饰的，也就是通过对自己装扮、语言、表

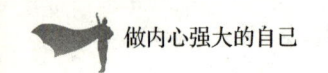

情以及动作的约束来影响和改变他人对自己的评价,目的是给他人留下一个良好的印象。

那么,怎样才能给他人留下良好的第一印象呢?

1.外表装饰

虽然,一个人的相貌是自己无法决定的,但服饰却完全取决于自己。俗话说:"三分长相,七分打扮。"我们的服饰装扮需要坚持整洁、得体、自然的原则。另外,还需要注意细节修饰,有的人穿名牌衬衫,但从不熨烫;有的人穿名牌皮鞋,但从不擦干净,这些都会让你的完美形象大打折扣。

2.行为举止

一个人的动作常常将他的气质、性格展现得淋漓尽致。粗俗的行为总是令人生厌的,这就要求我们注意自己的行为举止,待人接物面带微笑,注意分寸和距离。尤其是与异性交往,举止不可轻浮,以免不必要的误会。

3.语言艺术

初次与人见面,特别是在一些正式场合,不要随便说"哎哟""噢"之类的感叹词,这些词说多了会令人生厌。说话之前要思考,不要信口开河,否则容易给人一种不诚实、不认真的感觉。另外,我们要准确、清楚地表达自己的意见,并避免使用粗俗的话语,避免尖刻、损人的谈话,也不要抬高自己而故意贬低他人。

从对方感兴趣的话题入手

卡耐基说:"即使你喜欢吃香蕉、三明治,但是你不能用这些东西去钓鱼,因为鱼并不喜欢它们。你想钓到鱼,必须下鱼饵才行。"简单地说,当我们在与对方进行语言交流的时候,需要"忘记"自己的兴趣与爱好,而是用对方的兴趣爱好来展开话题,这样会使彼此之间的沟通更加顺畅。在沟通过程中,谈论对方的兴趣与爱好,这样能让对方感觉到受重视、受尊重,继而能赢得对方的好感与信任。许多人习惯于谈论自己的兴趣与爱好,从来不考虑对方,这样的人永远不会得到对方的认同。所以,赢得对方好感与信任的诀窍在于,谈论他人最喜欢的事情,达到打动人心的目的。

卡耐基曾讲了这样一个故事:

阿美是一家房地产公司总裁的公关助理,奉命聘请一位特别著名的园林设计师担任本公司一个大型园林项目的设计顾问。但这位设计师已退休在家多年,且性情清高孤傲,一般人很难请得动他。

为了博得老设计师的欢心,阿美在正式拜访之前做了一番调查,她了解到老设计师平时喜欢作画,便花了几天时间读了几本中国美术方面的书籍。这天,她来到老设计师家中,刚开始,老设计师对她态度很冷淡,阿美就装作不经意地发现老设计师的画案上放着一幅刚画完的国画,她边欣赏边赞叹道:"老先生的这幅丹青,景象新奇,意境宏深,真是好画啊!"一番话立即使老先生产生一种愉悦感和自豪感。

接着,阿美又说:"老先生,您是学清代山水名家石涛的风格吧?"这样,就进一步激发了老设计师的谈话兴趣。果然,他的态度转变了,话也多了起来。接着,阿美对所谈话题着意挖掘,环环相扣,使两人的感情越来越近。最后,阿美说服了老设计师出任其公司的设计顾问。

人的本质中最深层的驱动力就是希望具有重要性。而且,一个人的兴趣与爱好是其人生中最看重的一部分,他希望自己的兴趣与爱好能够得到别人的认同与肯定。一旦你在谈话中巧妙地说到了他的兴趣所在,他就会转变之前的冷淡态度,开始滔滔不绝,因为对于自己感兴趣的话题,任何人都有一种谈话的欲望。所以,如果你想让对方对与你的谈话感兴趣,那就只能以对方的兴趣来展开话题,这样才能有效地影响其心理,令之后的沟通畅通无阻。

一位漂亮的女郎在首饰店的柜台前看了很久。售货员问了一句:"这位女士,您需要买什么?""随便看看。"女郎的回答明显缺乏足够的热情。不过,售货员发现这位女郎总是有意或无意地触摸自己的上衣,好像对自己的上衣很满意,于是忍不住说:"您这件上衣好漂亮呀!您的眼光真不错。""啊?"女郎的视线从陈列品移到了自己感兴趣的上衣上。"这种上衣的款式很少见，是在隔壁的百货大楼买的吗？"售货员满脸热情，笑呵呵地继续问道。

"当然不是，这是从国外买来的。"女郎终于开口了，并对自己的回答颇为得意。"原来是这样，我说在国内从来没有看到这样的上衣呢！说真的，您穿这件上衣，确实很吸引人。""您过奖了。"女郎有些不好意思了。"只是……对了，可能您已经想到了这一点，要是再配一条合适的项链，效果可能就更好了。"聪明的售货员顺势转向了主题。"是呀，我也这么想，只是项链这种昂贵商品，怕自己选得不合适……"

在日常交际中，双方的沟通最忌讳彼此沉默不语，或者对方总是一副爱搭不理的样子。那么，如何打开对方的话匣子呢？最好的方法就是先从对方的兴趣谈起，这样会使整个谈话过程变得愉悦而畅快。在这其中，我们可以通过提问这种方式来深入了解对方的心理需求、心理动机以及所感兴趣、关心的事情，顺势展开话题，使对方侃侃而谈。

正能量提示

聪明的人在说服对方的时候，懂得去暗合对方的心理，这样能让对方感到受尊重。当然，在说话时利用语言来暗合对方的心理，需要"合"得巧妙，千万不能让对方看出破绽。其实，当我们从对方感兴趣的话题入手，就是在暗合对方的心理，以达到打动对方的目的，而这就是沟通中的正能量。

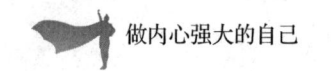

1.找到对方的兴趣点

每个人都有自己的兴趣爱好,因此在谈话过程中,我们要想办法找到对方的兴趣点。可以在与对方交谈之前做好准备工作,打听对方有什么兴趣爱好;也可以通过自己的观察或提问来获知对方感兴趣的内容。

2.从对方的兴趣展开话题

在沟通过程中,为了获得更多有关对方的信息,也为了满足其自尊心,就需要让对方尽可能地多说话。所以,要从对方的兴趣展开话题,这样会利于整个沟通的进行。

主动认错,更容易获得原谅

美国田纳西银行前总经理特里曾说:"承认错误是一个人最大的力量源泉,因为正视错误的人将得到错误以外的东西。"由这句话引申出来的就是著名的管理学法则——特里法则,俗话说:"金无足赤,人无完人。"谁都难免会犯一点小错误,而且每个人都存在着这样的心理:犯错误后,脑子里总是想着隐瞒自己的错误,害怕自己承认错误之后会丢面子。其实,有这样的心理是正常的,但是为了能够从错误中获得其他有用的东西,我们应该克服这样的心理。承认错误并不是什么丢面子的事情,相

第10章 善于沟通，让人际交往无障碍

反，在一定程度上，这是一种勇敢的行为。因为，对于每一个犯错的人来说，错误承认得越及时，就越容易改正和补救。

卡耐基从家里步行一分钟就可以到森林公园，因此，他经常带着自己的小猎狗雷斯去公园散步。由于平时在公园很少碰到人，而雷斯看起来很友善，所以，卡耐基常常不给雷斯系狗链或者戴口罩。

有一天，卡耐基在公园遇到了一个警察，警察看见雷斯既没有系链子也没有戴口罩，就十分严厉地对卡耐基说："你为什么让你的狗跑来跑去而不给它系上链子或戴上口罩？你难道不知道这是违法的吗？"卡耐基低声回答："是的，我知道，不过，我认为它不至于在这儿咬人。"警察提高了嗓门："你不认为！你不认为！法律是不管你怎么认为的，它可能在这里咬死松鼠或小孩，这次我不追究，假如下次再让我碰上，你就必须跟法官解释了。"卡耐基照办了，但是，雷斯不喜欢戴口罩，卡耐基也不喜欢这样做。

又一天下午，卡耐基正和雷斯在山坡上赛跑，突然看见警察骑着马过来了，卡耐基想：这下栽了！他决定不等警察开口就先认错。卡耐基说："先生，这下你当场逮到我了，我有罪，你上星期警告过我，若是再带小狗出来而不给它戴口罩，你就要罚我。"警察语气很温和："好说，好说，我知道没有人的时候，谁都忍不住要带这样一条小狗出来溜达。"卡耐基表示赞同："的确忍不住，但这是违法的。"警察反而安慰卡

143

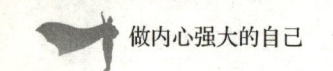

耐基："哦，你大概把事情看得太严重了，我们这样吧，你只要让它跑过小山，到我看不到的地方，事情就算了。"

如果我们犯了错误，而又免不了受责备，何不主动承认错误呢？毕竟，自己谴责自己比挨别人的批评要好受得多。因此，很多时候，需要主动承认错误，这样更容易得到别人的谅解。"特里法则"认为，承认错误是一个人最大的力量源泉；同时，正视自己的错误将得到错误以外的东西。其实，敢于认错本身就具有很大的价值。

布鲁士·哈威是公司财务部的一名员工，有一次，他错误地付给一位请病假的员工全薪。当他发现这个错误的时候，就及时告诉那位员工，解释说必须纠正这个错误，即在下一次的薪水中减去多付的金额。然而，那位员工说这样做会给自己带来严重的财务问题，因此，他请求分期扣回多付的薪水。但是这样的话，哈威必须首先获得上级的批准。哈威心想：这样做一定会使老板十分不满。不过，在哈威考虑如何以更好的方式来处理这种情况的时候，他明白这一切混乱都是自己的错误造成的，自己必须在老板面前承认错误。

于是，哈威找到老板，说了事情的详细经过，并承认了错误。老板听了大发脾气，指责人事部门和会计部门的疏忽，然后，开始责怪办公室另外两个同事。哈威反复解释："这是我的错误，跟别人没有关系。"最后，老板看着他说："好吧，这是你的错误，现在把这个问题解决吧。"哈威解决了问题，纠正了错误，没有给任何人带来麻烦，之后老板更加器重哈威。

哈威敢于承认自己的错误，从而赢得了老板的信任。其实，如果一个人有足够的勇气来承认自己的错误，那么在认错之后，其内心会获得某种程度的满足感。承认错误，不仅可以消除内心的罪恶感，而且有助于解决错误所制造出来的问题。

正能量提示

卡耐基告诉我们：一次错误并不会毁掉以后的道路，真正会阻碍你的，是不愿意承担责任、不愿意改正错误的态度。事实上，主动承认错误远比别人提出批评后再承认更容易得到他人的谅解。

1.勇于认错

在营救驻伊朗的美国大使馆人质的作战计划失败后，美国总统吉米·卡特在电视里郑重申明："一切责任在我。"当时，仅仅因为这句简单的话，卡特总统的支持率上升了10%。不是错误了，就永远不能改正；不是失败了，就永远不能成功。我们只有勇于承认自己的失败与错误，才能赢得成功。达尔文曾说："任何改正都是进步。"而这个案例也告诉我们：勇于认错，才能让自己不断地进步。

2.知错就改

2001年，沃尔玛首次位列世界500强榜首。据德国《商报》报道，这个世界上最大的连锁商进入德国市场四年来连遭败绩,损失超过了1亿美元;而且,它还在财务上遮遮掩掩,这一切都没能蒙过德国法律。于是,沃尔玛不得不对外公开了自己2000年和2001年两年度的财务情况。当时,沃尔玛在德国拥有十几万员工、几十家分店,但是,沃尔玛并没有因在德国受挫而灰心丧气,而是积极采取整顿措施,在德国市场上继续拼搏,后来终于获得了成功。

第11章　信念第一，坚定者勇而无畏

卡耐基认为，一个人不能没有信念，因为信念是一切事物发展的源头。在人生的道路上，最不能失去的就是信念，一个没有信念的人，就好像是一只无头苍蝇，找不到人生的方向。所以我们可以说，信念是支撑一个人坚定地走下去的最大正能量。

树立目标，让心更有方向

一个没有目标的人何谈信念呢？卡耐基认为，一个人只有树立了目标，有了信念，才会有力量坚定地走下去。在生活中，许多人的悲哀是："我不知道明天会怎样。"这确实是人生最大的遗憾之一，因为"不知道明天会怎样"的背后是一种在迷茫中的沉沦，它将扼杀一个人的希望、信心和未来。一旦陷入对未来的迷茫中，你便无法胸有成竹地向一个明确的目标迈进。那些所谓的"千里马"一生碌碌无为，并不是他们没有才华和能力，而是他们始终"迷茫"，只会埋怨"生不逢时"，或者抱怨"伯乐"有眼无珠，任自己的一生卧于马厩之中，无法驰骋于疆土。

卡耐基曾举了这样一个例子：

某大学有一个非常著名的关于目标对人生影响的跟踪调

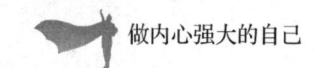

查，调查对象是一群智力、学历、环境等条件差不多的年轻人。通过调查发现：27%的人没有目标，60%的人目标模糊，10%的人有清晰但比较短期的目标，3%的人有清晰且长期的目标。

此项调查进行了长达25年的跟踪，发现那些调查对象的生活状况以及分布现象都十分有意思：那些占3%有清晰且长期目标的人，25年来几乎不曾更改过自己的人生目标，一直朝着同一个方向努力。25年后，他们几乎成为社会各界的顶尖成功人士，在他们当中有白手起家的创业者、行业领袖、社会精英。那些占10%有清晰但比较短期目标的人，25年后他们大多生活在社会的中上层，在他们身上有着共同的特点：那些短期目标不断被达成，生活状态稳步上升，成为各行业不可缺少的专业人士，他们的职业大多是医生、律师、工程师等。其中占60%目标模糊的人，25年后他们大多生活在社会的中下层，能够安稳地生活与学习，但没有什么特别的成绩。剩下27%没有目标的人，25年以来，他们几乎都生活在社会的最底层，而且生活过得很不如意，他们常常失业，需要依靠社会救济，喜欢怨天尤人。

最后，这所大学得出这样的结论：也许你现在与别人差距不大，那是因为你们距离起跑线不远，而不是你比别人聪明，或者说上天眷顾你。你是属于那10%、60%还是剩下的部分，只有你自己最清楚。不过，希望你能努力成为那10%的目标清晰的人。

一场突如其来的风暴，让一位独自穿行大漠的旅行者迷失了方向，更可怕的是装干粮和水的背包也不见了。他翻遍了所有的衣袋，只找到了一个泛青的苹果。他惊喜地喊道："哦，我还有一个苹果。"他擦了擦那个苹果，艰难地在大漠里寻找着出路，可是整整一个昼夜过去了，他仍然没有走出茫茫的大漠。饥饿、干渴、疲惫使得他好几次都觉得自己快支撑不住了，可是，一看手中的那个苹果，他抿了抿干裂的嘴唇，陡然又添了几分力量。他继续跋涉，心中不停地默念着："我还有一个苹果，我还有一个苹果……"三天后，他终于走出了大漠，而那个始终未曾咬过一口的苹果，已经干枯得不成样子了。

一个没有目标的人就像是一艘没有舵的船，永远过着漂泊不定的生活，只会到达失望和丧气的海滩。在人生的旅途中，我们常常会遭遇各种困难与挫折，但是请不要轻易地放弃；否则，会很容易陷入迷茫之中。其实，人生就如同沙漠，而那苹果就是我们的信念与目标，在追求目标的过程中，遇到困难要努力坚持，因为目标与信念可以战胜一切恐惧。只有这样，我们才能稳步前进，最后实现自己的人生目标。

正能量提示

什么是目标？目标就是行为所需达到的目的，又是引起需要、激发动机的外部条件刺激。心理学家认为，人们的社会行为往往是内在条件与外在条件相互作用的结果。动机要想引起

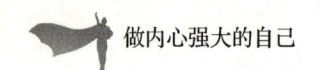

行动,不仅需要内在条件,还需要有一定的外在条件或环境作为刺激,如此才能激发动机。而目标就是这些外在的刺激,它是行为动机的诱因,能较好地刺激人们为达到自己的目标而行动。而达成目标,则使人们的某种需要得到满足。

1.确定目标

简单地说,一旦我们心中确定了目标,就会朝着这个目标不断地前进,直到达成这个目标。

2.目标是催人奋进的动力

或许我们应该这样认为,一个人无论年龄多大,其真正的人生之旅,都是从设定目标那一天开始的,而之前的日子,只不过是在绕圈子而已。要想获得成功,就必须拥有一个清晰而明确的目标,因为目标是催人奋进的动力,是前进路上的灯塔。

梦想是一粒快乐的种子

卡耐基认为,每个人都有自己的梦想,活着就是为了来完成这个梦想。梦想成了我们的人生目标,成了我们不断前进的助推器,更为重要的是为我们的心灵注入了快乐的血液。人生的最大意义在于奋斗,为自己的梦想而奋斗,这会令一个人感到充实和快乐。有梦想的人从来都不会感到空虚,因为他们知道自己最想得到的是什么,并且会朝着这个方向不懈地努力。

第11章 信念第一，坚定者勇而无畏

有的人一辈子都在寻寻觅觅，他们没有梦想，只能到处漂泊，因而错过了很多东西；有的人怀揣着梦想，但是在追逐梦想的过程中，不断碰到障碍，于是痛苦地湮灭了自己的梦想。他们失去了梦想，也就失去了人生最大的快乐，只能孤独地过完一生。

有一天，卡耐基讲了邮差希瓦勒的故事：

希瓦勒是一名乡村邮递员，他每天的工作就是帮人送信，工作的枯燥与单调令他十分苦恼，整天闷闷不乐。直到有一天，希瓦勒在崎岖的山路上被一块石头绊倒了，刚开始他觉得很生气，但是，很快他的注意力就被那块奇特的石头吸引了。他拾起那块石头，左看右看，爱不释手，并将那块石头放进了自己的邮包里。村里的人发现希瓦勒居然在邮包里装了一块沉重的石头，感到很奇怪，便劝告他："把它扔了吧，你还要走那么多的路，这可不是一个小负担。"希瓦勒取出那块石头，炫耀地说："你们看，有谁见过这么漂亮的石头？"人们笑了："这样的石头山上到处都是，够你捡一辈子了。"

回到家里，希瓦勒不禁萌发了一个想法：如果用这些漂亮的石头建造一座城堡，那该多么美丽啊！于是，他开始付诸行动了，每天他都会在回家的途中捡几块好看的石头，梦想让他每一天都充满快乐。没过多久，希瓦勒就收集了一大堆石头，但是这距离修建城堡的数量还差得很远呢！于是，他开始推着独轮车送信，这样他就可以捡更多的石头了。白天，希瓦勒是一个快乐的邮差，兼任运输石头的苦力；晚上，他又是一个快乐的建筑师。

20年后,在希瓦勒偏僻的住处,出现了许多错落别致的城堡,有清真寺一样的、有印度神教式的、有基督教式的。当地人认为,希瓦勒不过是在玩小孩子一样的游戏,但是不久之后,一位报社的记者发现了这群城堡,当即写了一篇报道。文章刊出后,希瓦勒和他的城堡成了新闻焦点,许多人慕名来参观,连大师毕加索也专程来参观城堡。在城堡的石块上,希瓦勒当年刻下的一句话还清晰可见:"我想知道一块有了梦想的石头能走多远。"

梦想让希瓦勒的生活变得更加充实和快乐,他不再认为邮差是一份多么枯燥的工作,反而很愿意享受那份工作带来的乐趣。当然,有梦想的不是石头,而是希瓦勒心中一股强大的信念,他向往实现自己的梦想,过上自己理想的生活。也许,有的人会觉得自己的梦想难以实现或者认为追逐梦想的过程太辛苦;其实,有这种想法的人一定没有自己的梦想。因为梦想本身是快乐的,它让人感觉不到辛苦;有梦想就有活着的力量,追逐梦想的人是快乐和幸福的。

正能量提示

卡耐基告诉我们:有一种快乐就是梦想,因为梦想为心灵注入了快乐的血液。梦想是一个人前进的动力,有梦想就有拼搏的力量。梦想本身就是快乐的传递者,当我们接近梦想或在实现梦想的过程中,便感染了快乐。

1.梦想为信念积聚力量

梦想就像太阳,当我们追逐它的时候,心中所有的阴影都被抛到了身后,即使遭遇了阻碍,我们依然乐观地相信,梦想就在前方,因为任何时候梦想都将传递给我们快乐与力量。

2.梦想是快乐的种子

有人曾说:"每个人的心中都会有一个梦想,每个人的快乐都源自梦想实现的那一刻。"其实,无论是梦想已经实现,还是在追逐梦想的过程中,我们的心灵都充满快乐。当我们有了自己的梦想,那么,每一分每一秒都在想着如何实现梦想,每天都在为实现梦想而努力,这带给了我们无数的快乐。两个人做着同样的事情,干着同样的工作,但却有着截然不同的人生态度,因为一个有梦想,一个没有梦想。梦想是需要努力奋斗才能实现的,不管在什么情况下,都不忘记自己的梦想、不放弃自己的梦想,这样的人生才是充实的,才具备生命的意义。

再坚持一下,梦想就一定会实现

美国著名作家杜鲁门·卡波特说:"梦是心灵的思想,是我们的秘密真情。"梦想对于每个人来说,都有一种巨大的魔力,不断地召唤着你前进。所以,卡耐基这样告诉我们:无论自己的梦想多么模糊,也不管自己的梦想多么不可思议,

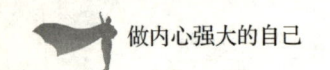

我们都要听从心中梦想的召唤，紧紧跟随着它，坚持不懈地走下去，这样梦想就会变成现实。"永不放弃"是梦想成真的信念，只有不懈地坚持，才能成就辉煌。

卡耐基讲了这样一个故事：

赛尼·史密斯6岁的时候，在威灵顿小学读一年级。一天，老师玛丽·安小姐给学生们布置作业，让大家说出自己的梦想，班上同学十分踊跃，纷纷说出自己的梦想。特别是赛尼，他一口气就说出两个梦想：一个是拥有一头属于自己的小母牛，另一个就是去埃及旅行。但是，班里有一个叫杰米的男孩子一下子没想出自己的梦想，因为他能想到的，别人都已经说了。为了让杰米拥有一个自己的梦想，玛丽·安小姐建议他向同学购买一个。在老师的见证下，杰米花了3美分向赛尼购买了一个梦想，也就是"去埃及旅行"。

40年过去了，赛尼·史密斯已经到了中年。在过去的日子里，赛尼去过了许多国家，如丹麦、希腊、中国、日本，然而，他从来没有去过埃及。难道赛尼不想去埃及吗？赛尼说："自从我卖掉去埃及的梦想之后，我就从来没有忘记过这个梦想。但是，作为一个虔诚的基督教徒，我不能去埃及，因为我已经把这个梦想卖掉了。"带着强烈的愿望，赛尼决定赎回自己的梦想，因为他觉得只有这样，自己才能心安理得地踏上那片土地。但是，赛尼·史密斯没能如愿以偿，因为联邦法院认定，那个梦想的价值已经上升到3000万美元了。

而购买赛尼梦想的杰米，40年来，他怀揣着梦想考上了华盛顿大学，鼓励儿子考入斯坦福大学。在梦想的感召下，杰米的人生获得了极大的成功，他在芝加哥拥有6家超市，总价值超过了2500万美元。杰米说："如果我没有那个去埃及旅行的梦想，我是绝对不会拥有这些财富的。"梦想对于杰米而言，已经成为生命中不可分割的一部分。

花上3000万美元赎回一个以3美分卖出去的梦想，这在许多人看来都是不可思议的。但是对于赛尼来说，即使自己倾家荡产，也要赎回那个梦想，因为他知道，人的一生中最珍贵的东西就是梦想。也许，在我们的内心也有着这样或那样的梦想，然而在追逐梦想的过程中，挫折与困难无所不在，致使我们放弃，最终与梦想失之交臂。其实，梦想是我们生命中最珍贵的一部分，只有永不放弃自己的梦想，用心飞到梦想之地，才能让生命绽放别样的光芒。

一位穷苦的牧羊人带着两个年幼的儿子，依靠替别人放羊来维持生活。有一天，牧羊人带着儿子赶着羊来到一个小山坡，他们看到一群大雁，鸣叫着从天上飞过，并很快消失了。小儿子问父亲："大雁要往哪里飞？"牧羊人回答："为了度过寒冷的冬天，它们要去一个温暖的地方安家。"大儿子眨着眼睛羡慕地说："要是我们也能像大雁一样飞起来就好了，我要比大雁飞得还高，去天堂看望妈妈。"小儿子也对父亲说："做一只会飞的大雁多好啊！可以飞到自己想去的地方，那样就不用放羊了。"

做内心强大的自己

牧羊人沉默了，然后对儿子们说："如果你们想，你们也会飞起来的。"两个儿子试了试，但却没有飞起来，他们疑惑地看着父亲。牧羊人说："看看我是怎么飞的吧。"当然，他也没能飞起来。但是，他却肯定地告诉两个儿子："可能是因为我的年纪太大了，才飞不起来，你们还小，只要不断地努力，就一定能飞起来，去你们想去的地方。"从此，兄弟俩心中有了一个飞翔的梦想，长大后他们终于飞了起来，他们就是美国的莱特兄弟。

黎巴嫩著名诗人纪伯伦曾说："我宁可做人类中有梦想和完成梦想愿望的、最渺小的人，而不愿做一个最伟大的无梦想、无愿望的人。"人类最可贵的本能就是对未来充满梦想，我们不仅要播下梦想的种子，而且要让梦想的种子长成参天大树。千万不要放弃自己的梦想，用心灌溉，总有一天梦想会变成现实。

正能量提示

或许有人会问，梦想与信念有什么关系呢？其实，我们播下梦想种子的那一刻，信念也就诞生了。信念就是我们哪怕穷其一生也要追逐心中的梦想，直到实现梦想。这就是人生源源不断的正能量，也就是支撑我们前进的力量。

1.即便失败，也不放弃梦想

中国探险家余纯顺在临行罗布泊时曾说："我也许真的会失败，但我不能放弃这个梦想，就是失败，我也要当失败的英雄。"梦想是我们的目标，是我们不懈奋斗的动力。在这个世界上，我们身在何处并不重要，重要的是我们应该朝着什么样的方向前进。所以，怀揣着梦想前进吧，用心飞到自己的梦想之地！

2.梦想，从来都离我们很近

有人认为，梦想是一种虚无缥缈的东西，并没有什么作用。其实，这种想法是错误的，梦想能够使人产生一种力量、一种信念，更重要的是梦想能够成为现实。马云最初梦想创建阿里巴巴的时候，有人甚至讽刺他："你要是能创建成阿里巴巴，轮船都能开到喜马拉雅山上去。"然而，马云并没有放弃自己的梦想，他凭着不懈的精神，不但成功地创建了阿里巴巴，而且使阿里巴巴成为世界五大网站之一。

下篇

和谐生活，正确运用正能量

当我们寻找到那些正能量之后，并不是将它束之高阁，而是要想办法将它运用起来。如今快节奏的生活给人们带来了巨大的生存压力，在这种情况下，正能量正在流失，负能量则暗暗滋生。因此，要想拥有和谐生活，就需要正确运用正能量。

第12章　通力合作，让你拥有无限附加值

正能量，就是一切给予人向上和希望、促使人不断追求、让生活变得圆满幸福的动力和感情。对于一个团队而言，正能量或许是让团队达到最高水平的最关键要素。一个拥有正能量的团队，在工作中将拥有毫不动摇的决心，团队成员对工作负责，而且相信他们可以完成团队交给自己的任何任务。

组建自己的团队

为了让更多失去信心的人走出心理阴影，卡耐基开设了培训班，最后又成立了公司。如今，卡耐基的女儿——唐娜·戴尔·卡耐基，已经成为美国卡耐基培训公司董事长。卡耐基当然是一名成功的导师，因为在他的事业达到顶峰之后，他选择成立自己的团队。团队，会爆发出惊人的力量，所传递出来的正能量会挽救更多沉浸在痛苦记忆中的人。一个单独的个体，是极需要团队的力量的，因为只有团队，才可以凝聚最强大的力量。俗话说："一个好汉三个桩。"仅仅凭借一个人的力量是难以有所作为的，因为一个人身上既有优点，也有缺点，总是会顾及了这边，却忽略了那边，这样一来，当他去干一些事情的时候，就会显得力不从心。而当无数个个体组合在一起的

第12章 通力合作，让你拥有无限附加值

时候，他们细微的力量就凝聚了起来。也就是说，团队的力量是惊人的。在生活中，我们所看到的所谓成功者，难道是他一个人在战斗吗？当然不是。在他的背后，永远会有一个团队、一个智囊团在支持他，使他获得最后的成功。

在伯克希尔哈撒韦投资公司，也就是巴菲特旗下有9位高管，在每个高管身上，都深深地烙上了美国商业精神乃至美国精神的印记，比如，冒险精神、团队精神、创新精神、品牌精神等。在巴菲特的团队身上，我们可以感受更多的东西。

从伯克希尔哈撒韦公司的经营业务范围以及发展过程中可以看到，巴菲特的股票投资理论与企业投资理论一脉相传、互为印证、互为支持。在巴菲特的主张下，伯克希尔哈撒韦公司长期注重于"传统企业"投资，而且取得了巨大的成就，这就源于巴菲特的价值理论。也就是说，他一直坚信商品、商业的市场价值来自其内在的价值而非其他。也正因为这样，巴菲特在股票投资上采取了相似的选择股票的方法，同样赢得了成功。从这个角度来看，所谓的传统产业，假如可以赢得被市场认可的价值，一样是商机无限。

在伯克希尔哈撒韦投资公司，显著地展现了团队的力量。因此，并不是巴菲特一个人在战斗，在巴菲特的台前幕后，一个优秀的团队是他成功且经久不衰、越斗越强的坚实基础。可以说，这个优秀的团队经营管理着优秀的企业，提供"价值"的坐标系和参照系，为巴菲特的企业帝国和股票王国提供了源

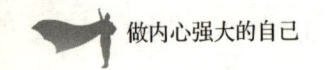

源不断的支持。

因为喜欢投资，巴菲特成了最成功的投资家；因为喜欢投资，他组建了属于自己的团队。我们都坚信这样一个道理：资本的力量是毋庸置疑的，巴菲特在华尔街这样一个充满"阴谋""欺诈"的肮脏世界里保持着良好的声誉，源于其价值理论，但更源于他以及团队的商业价值和社会价值理念。而巴菲特旗下的公司力量以及团队的力量，也被巴菲特发挥到极致，从而造就了其伟大的企业帝国——伯克希尔哈撒韦公司。

在成人教育界，卡耐基敢认第一，就没有人敢认第二。成人教育可以说贯穿了卡耐基的一生，他终其一生为教育贡献了无数的心血。在最艰难的时候，卡耐基白天写书，晚上去夜校教书，用来赚取生活费。当时，他就想为夜校公开演讲课，因为他认为，在大学时代自己在公开演说方面受过训练，有些经验，那些训练和经验扫除了自己的怯懦和自卑，从而让自己有勇气和信心跟人打交道，增长了自己为人处世的才能。他希望自己以这样的方式去帮助更多的人，于是说服了纽约一个基督青年会的会长，同意他晚上为商界人士开设一个公开演讲班。也就是从这里，他开始了奋斗一生的成人教育事业。最后他创立了卡耐基培训公司。直到今天，这个公司的发展依然蒸蒸日上，这表示卡耐基不仅是成功的教育家，还是一个擅长组织团队的优秀领导者。

第12章 通力合作，让你拥有无限附加值

正能量提示

卡耐基将他一生中最重要、最丰富的经验，汇集在《人性的弱点》一书中，这本充满乐趣、充满智慧的书，在生活中给予了多少人启迪，又帮助了多少人克服弱点和自卑，帮助了多少人开拓他们的新生活之路。即便卡耐基被誉为世界著名的成功学大师，但他仅仅是以自己为荣吗？当然不是。他更以旗下的卡耐基培训公司为荣，因为这个优秀的团队才是最值得他骄傲的。像卡耐基这样有着异常天赋的心灵导师也需要组建属于自己的团队，更何况生活中的我们呢？在生活中，当我们觉得自己一个人无法完成一件事情的时候，就应该想到组建属于自己的团队。只有这样，我们才会最大限度地凝聚团队的力量，从而走得更远。

1.把所有力量拧成一股绳

团队就是一个核心，一个综合体，它凝聚了所有成员的力量，可以说很好地达到了互补的效果。比如，在团队中，有的人擅长这个，而在其他方面却不怎么样；而有的人恰好相反，他擅长别人不擅长的，这样一来，两个人组合在一起，那就是绝对完美的组合。

2.有团队的概念

当然，我们在组建团队的时候，心里一定要有一个团队的概念，也就是在任何时候，都需要考虑到团队成员的意见。卡耐基虽然是世界著名的成功学大师，但他从来不觉得自己可以

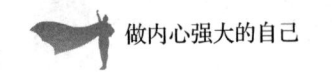

脱离团队而独立存在，在他看来，卡耐基培训公司以他为荣，但他更以这个公司为荣。在他决策的时候，在他思考的时候，他从来不单枪匹马作决定，因为他需要这个团队的力量，这不仅是对团队的尊重，更是对自己的决策负责。

任用人才，扬长避短

如何最大限度地发挥团队正能量？这当然需要领导者"知人善任"。卡耐基认为，要想一个团队达到最好的效果，就要让每个团队成员发挥其应有的作用，各显其长，这样才能最大限度地增强团队的正能量。有人曾问巴菲特："如何才能在投资中控制自己的风险？"巴菲特回答："一个是守规矩，另一个是选人，最重要的是选人。"在巴菲特所成立的伯克希尔哈撒韦公司，巴菲特很重视挑选自己的职业经理人、投资经理人，而且要求十分严格，要选最好的，选完之后给他们最大的权力空间，让他们可以自由发挥。假如这些职业经理人达到了他的要求，就会得到许多回报；假如达不到他的要求，巴菲特就会很有礼貌地叫他们"走人"，这就是所谓的以人为本。巴菲特认为，知人用人要有胆量，而胆量往往来自于对人了解有多少，了解得越多，判断就越准，用起来才会越大胆。

学诚法师非常慈悲，又有观察力，对每一位弟子的特点

第12章　通力合作，让你拥有无限附加值

都了如指掌，如何最大限度地帮助弟子成长，法师都有周到的考虑。

以前在广化寺，有时某个岗位缺人，法师就会说："某某可以做。"有时候法师提出的人选出乎所有人的意料，甚至是大家认为最不合适的人，结果当他真的承担了那个职位后，做得却非常好。弟子们感到困惑，虽然同行之间彼此接触很多，但对身边的人，各人有什么特点、什么意愿，大家其实并不了解。而学诚法师虽然接触弟子的时间比较少，却更加了解每一个人，知道每一个人的长处、心愿、能力，一旦有机会，就会安排合适的弟子去承担，最后事实总是证明他的选择是非常正确的。

学诚法师的观察力是弟子们公认的，大家都觉得不可思议，这正是法师高深功德的体现。

巴菲特认为，要想掌握高超的用人之道，必先做到知人善任。知人，就是要了解别人，也就是对人的考察、识别、选择；善任，也就是对人要使用得当。所谓知人善任，就是要认真地考察别人、确切地了解别人，把每个人都安排到适当的岗位上去，充分地让他们发挥自己的特长、施展才干，这才是作为一个领导者的重要工作之一。这就好比一台机器，有了先进的设计、合理的结构和科学易行的操作规程，还必须有高素质的操作人员。通常情况下，路线确定之后，人就成了决定因素，就是这个道理。

在知人善任方面，曹操深谙其中的道理。

《三国志》记载，曹操征张鲁前，给合淝护军薛悌一封密函，上书"贼来乃发"。不久孙权率十万众来围合淝。此时张辽、李典和乐进三人共守合淝，众人拆开密函一看，曹操在信中对合淝的防御和进攻作出了周密的部署：若孙权至，张李二将军出战，乐进守城。这三位将军"素皆不睦"，然而张辽在曹操的指示下表示坚决出战，以攻为守，此举感动了另外两人，决定放下私怨，愿意听从张辽的指挥，共同抗敌。乐进生性怯懦，过于谨慎，正好适合守城。结果合淝一战，张辽与李典在逍遥津以步卒八百，破孙权军十万，创下了史上有名的以少胜多的战役。

话说："夫兵，诡道也。至于合淝之守，悬弱无援，专任勇者，则好战生患；专任怯者，则惧心难保。且彼众我寡，众者必贪惰；我以致命之师，击贪惰之卒，其势必胜。"在这里，不能不归功于曹操知人甚深，他不仅了解张、李、乐三人平日的隔阂，更对三人的作战能力、用兵特点以及性格修养都了如指掌。因此，这封密函不仅调解了三将的关系，又通过适当的分工，使三将的优劣互补，最大限度地发挥了三将在防御作战中的整体优势。

正能量提示

卡耐基认为"用人所长，扬长避短"，这应该是一个基本原则。个体之间存在很大的差异，这种差异不仅表现在职业能

力上，还表现在个性、价值观以及职业倾向上。领导者在为下属分配任务时除了考虑岗位要求之外，还应该针对并尊重员工自身的特点以及优势，安排与其特点和优势相适应的工作，给予充分发挥的空间。

1.如何知人

俗话说："不知人之短，不知人之长；不知人长中之短，不知人短中之长，则不可用人。"可以说，知人是用人的前提，每个人的问题与优点、长处与短处共存，有的人内秀而外拙，才不外露，很不容易被发现；有的人博学多智，却只会纸上谈兵，这样的才能难以展现出来。我们了解这些人，就需要从信任出发、从了解入手，知其德才学识，明其优劣长短，从其发展的前景中把握；要想准确、清楚地了解一个人，不能只看文凭和档案，也不能仅凭感觉和印象，而要深入了解，全面分析，这样才能辨其才能、明其本质，才能真正做到"善认"。

2.如何善任

善任的重点在于扬长避短，不过，怎样才能扬长避短呢？要学会量才使用，有的人善于管理，有的人懂业务，在选才时要以"质"为依据，以"质"为调配，这样才能使人才的质得以体现；要注意团队结构，人才群体的组成应注意知识结构、年龄层次、专业类型、性格特点等的合理搭配，这样才能产生人才资源的互补效应。此外，还要注意重用性交流，也就是所选拔的优秀人才可以担任重要岗位。

只有平庸的将,没有无能的兵

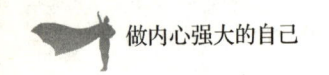

卡耐基说:"只有平庸的将,没有无能的兵。"作为领导者,当你将权力放手给下属的时候,表示一种信任,所传递的是一种正能量;而作为下属,自己博得了信任,所接收到的是正能量,在工作中自然会将这份正能量爆发出来,整个团队最终达到双赢的效果。大凡优秀的领导者总能从身边挖掘人才并充分发挥他们的潜能,而那些拙劣的领导者总是抱怨无人可用。于是,那些优秀的领导者带领身边的人才不断走向成功,而那些拙劣的领导者却在抱怨中走向没落。有的领导者天生喜欢操心,他无时无刻不在担心这担心那,于是整颗心都是紧绷着的。无论是大事还是小事,他们都不放心别人去做,而是亲力亲为。当然,凡事都亲力亲为,这是一种负责任的态度,但若是太过亲力亲为,那就有点以自我为中心了。给予下属信任,将权力放手给别人,这才是成功者应有的风范。

王姐从小就有个习惯,对和自己相关的事情,她必然自己去做,从不放心任何人。在她年纪尚小的时候,有一次,她背着很重的东西回家,身边的朋友好心建议:"让我帮你背一程吧!"结果她拒绝了,理由是怕对方将她的东西掉地上,朋友听到这个理由,下巴都快掉下来了。

长大后,王姐的这个习惯更是日益严重。高中毕业后,王姐就在一家蛋糕店当了收银员，平时没事就守在那个柜台边，不让任何人靠近自己的工作位置。店长吩咐："有时间的时候，教教店里的导购收银。"结果，王姐经常将这样的吩咐忘记，她从来不放心把自己的工作让别人去干。就因为这样独特的习惯，她在店里的人缘相当不好，但她对工作倒是很负责任，几年之后就升职为店长，于是更忙了。早上，她第一个到店里，晚上又最晚离开，因为她不放心任何一个店员，需要亲自收货、摆货、收银，虽然这样一来，自己算是放心了，但长此以往真是疲累不堪。但她若是不去店里，让店员们去做，她的心会更累。

终于没过多久，王姐累倒了，躺在医院里，她所担心的还是蛋糕店："今天货到齐了吗？""货物摆放得整齐吗？"坐在床边的老公忍不住说："你总是这样，凡事亲力亲为，你以为自己多伟大，但其实是抹杀了店员们表现自我的机会，今天早上我路过蛋糕店，发现没有你，他们依然将事情做得很好，有条不紊，你就不用操心了。你现在是店长了，很多事情完全可以交给别人去做。如果你总是操心，那你永远有操不完的心，而且也会身心俱疲。"

在案例中，王姐虽然升职为店长，但她没有将手中的权力放给下属，对店里的很多事情总是亲自去做，结果病倒在床上，她的累不仅来自于身体，而且来自于心理。因为过于操心，她几乎每时每刻都在想还有什么事情没做好，她就好像一

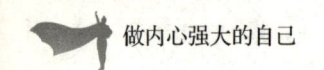

个陀螺,不停地转,直至最后无力地摔倒在地上。其实,她完全没必要这样累,放手将一些事情交给别人去打理,不仅能使自己轻松,而且能给予下属展现自我的机会。

生活中,一个人操心太多就会使自己身心疲惫;反之,如果将别人能做的事情交给别人去做,自己只是观看或指导,这样反而轻松很多。卡耐基认为,要想培养这样的习惯,首先应该学会信任别人以及放松自己。你只有足够地信任别人,才能放心地将事情交给对方;你只有放松自己,才不会那么执着地想要亲自去做。所以,不要太过操心,学会放手,自己才能轻松起来。

正能量提示

在卡耐基看来,权力的存在是一种十分合理的现象,对于领导和下属而言,却是一个敏感的话题。权力就意味着权威,领导需要这样的权威,下属也需要在这个权威下尽量自由支配自己的各项活动。这无疑就形成了矛盾,其焦点在领导和下属之间移动,而领导者就是支配者。很多时候,领导应该放手一些权力给下属。领导者所扮演的角色无异于一个母亲,当一个母亲放手让孩子跑步的时候,她确信孩子已经能跑了;当孩子在迷蒙中被母亲放手后才知道母亲放手的原因,自己已经得到了信任。领导者应该放权力给下属,信任下属,他很快就会变得优秀。

1.肯定下属

英国女演员和诗人乔吉特·勒布朗说:"人类所有的仁慈、善良、魅力和尽善尽美只属于那些懂得鉴赏它们的人。"任何一个下属都希望得到别人的肯定,尤其是上级的认可。美国著名的企业管理顾问史密斯指出:"一个员工再不显眼的好表现,若能得到领导的认可,都能对他产生激励的作用。"

2.信任下属

权力是一切的基础,产生信任后就应该释放权力。信任虽然是一个很简单的词,却包含着深妙玄机的改变,信任产生的心态就是认可,领导只有认可下属才能信任他。一位管理学家说:"我相信部属具备必需的技能和设备,能推动我授权执行的任务,于是我得以专心思考策略问题。"放掉一些权力,不仅是领导者的自我松绑,也是一种本质的需要。

第13章　燃烧热情，勤恳努力助你驰骋于职场

身在职场，我们需要发挥职场正能量，这样才能在职场中平步青云。当然，这完全取决于自己的心态和姿态，以最大限度地发挥自己的正能量，从而促进最后的成功。

勤奋工作，克服懒惰

懒惰是一种负能量，我们要拒绝懒惰，拥抱正能量。卡耐基是一个勤勉的人，在16岁的时候，他不得不在自家的农场里干更多的活。每天早上，他骑马进城上学，放学后便骑马急匆匆地赶回家里，挤牛奶、修剪树木、收拾残汤剩饭喂猪。而当他去上学的时候，瘦弱、苍白的他永远穿着一件破旧而不合身的夹克，总是一副失魂落魄的样子。然而，正是这样一个没有自信，几乎被各种各样莫名其妙的忧虑缠绕的小伙子，最终却成为给别人自信，让人们乐观的心理激励大师，这是为什么呢？勤勉，当然是勤勉。卡耐基的座右铭之一就是——拒绝懒惰。中国有句古话：一屋不扫，何以扫天下？与巴菲特所说的话是一样的道理，当我们不能勤勉地工作，又怎么会为日后的成功打下基础呢？那些"一屋不扫"的懒惰者，最终会被埋葬在一屋子的灰尘中，再也绽放不出闪亮的光芒。

第13章 燃烧热情，勤恳努力助你驰骋于职场

卡耐基曾讲述了这样一个故事：

阿尔伯特·哈伯德出生于美国伊利诺伊州的布鲁明顿，父亲既是农场主又是乡村医生。年轻时的哈伯德曾在巴夫洛公司上班，是一名很成功的肥皂销售商，但是他却对此感到不满足。1892年，哈伯德放弃了自己的事业进入了哈佛大学，然后又辍学开始到英国徒步旅行，不久之后在伦敦遇到了威廉·莫瑞斯，并喜欢上了莫瑞斯的艺术与手工业出版社。

哈伯德回到美国，他试图找到一家出版社来出版自己的那套《短暂的旅行》的自传体丛书，但是没有找到任何一家出版社。于是，他决定自己来出版这套书，他创建了罗依科罗斯特出版社，哈伯德的书出版之后，便成为既高产又畅销的作家。随着出版社规模的不断扩大，人们纷纷慕名而来拜访哈伯德，最初游客会在周围住宿，但随着人越来越多，周围的住宿设施已经无法容纳更多的人了，哈伯德特地盖了一座旅馆，在装修旅馆时，哈伯德让工人做了一种简单的直线型家具，而这种家具受到了游客们的喜欢，哈伯德又开始了家具制造业。哈伯德公司的业务蒸蒸日上，同时出版社出版了《菲士利人》和《兄弟》两份月刊，而随后《致加西亚的信》的出版使哈伯德的影响力达到了顶峰。

有人说，阿尔伯特·哈伯德是无比传奇的一个人，他之所以在多方面都能获得成功，是因为他从来不懒惰，而是保持勤勉的个性，不断地朝着自己的一个又一个目标努力奋

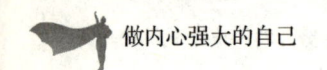

进。阿尔伯特·哈伯德是一位坚强的个人主义者，一生坚持不懈、勤奋努力地工作着，成功对于他来说是理所当然的。

有人给那些懒惰的人下定义为：把不愉快或成为负担的事情抛至脑后或推迟做。如果你是一个懒惰的人，那生活中的你大部分时候都在浪费时间，无所事事，即便是做一件事情，也是担心这个担心那个，或者找借口推迟行动，结果往往错失了机会和灵感，到最后只会抱怨上天的不公平。正所谓"天道酬勤"，克制自己内心的惰性，当自己想偷懒的时候，鼓励自己再坚持一下，就可以如期完成目标。

正能量提示

卡耐基认为，懒惰不仅是一个人成功的大敌，更是一个人不良情绪的源头。在充满困难与挫折的人生道路上，懒惰的人过着极为单调的生活，在他们的生活里，只习惯于等、靠、要，从来不想发现、拼搏、创造，最终不仅错过了多姿多彩的生活，而且一事无成。

1.拒绝懒惰

在《致加西亚的信》中，阿尔伯特·哈伯德讲述了罗文送信的情节："美国总统将一封写给加西亚的信交给了罗文，罗文接过信以后，并没有问：'他在哪里？'而是立即出发。"拖沓、懒散对许多人来说已经是一种生活常态，要想成为罗文这样的人，我们就应该拒绝懒惰，努力让自己变得勤勉。

2.不要把昨天的活儿拿到今天来干

上天总是偏爱那些勤奋的人,多一份耕耘,就多一份收获,你付出得越多,得到的回报就一定越多。换句话说,机遇和灵感往往只垂青那些孜孜以求的勤勉者。这个道理启示我们:在通往成功的路途上,需要忍耐惰性,努力让自己变得勤奋。曾有人问一个懒惰的人:"你一天的活儿是怎么干完的?"这个人回答:"那很简单,我就把它当作昨天的活儿。"正是惰性使然。其实,懒惰的人何止是把昨天的活儿拿到今天来干!

全力以赴,尽职尽责

卡耐基的成功是建立在全力以赴、尽职尽责做好日常工作的基础之上的。千万不要小看一些事情,它们往往是决定成败的关键。做每一次培训,卡耐基都全力以赴、尽职尽责。当他在完成一本书的时候,不管结果怎么样,总是先问自己:在做这件事情的时候,自己是否考虑全面,是否竭尽全力?这是卡耐基通常的习惯,也正因为这个习惯,使得卡耐基在每一次培训中总能收获很多,因为每一个细节他都考虑到了,他从来不做半途而废的事情。

有一只品种优良的猎狗,被主人训练得十分壮硕,追捕猎物速度很快，而且反应非常敏捷。对于追捕猎物这件事，这只猎狗可以说是驾轻就熟。

有一次，主人带着这只猎狗又去狩猎，老远发现一只狐狸，主人用枪射击，准头不够，狐狸逃脱了。主人一声令下，猎狗立刻展开自己最拿手的追捕工作。不过，森林是狐狸的天地，它对路径十分熟练，跑得飞快，但猎狗也不含糊，追捕之间，过程紧张迭起。

眼看就要追上，突然一个窜身，狐狸转往另一条路径，猎狗一不留神，身子受了点擦伤，有点痛。它一边舔着自己的伤口，一边想：唉！我追得这么累干吗？追不到狐狸，我也不会饿到肚子啊！念头刚刚闪现在脑海里，它的速度就慢了下来。这时狐狸又跑远了。

算了，现在早已脱离了主人的视线，反正主人看不到。猎狗又起了放弃的念头，速度便迟缓起来。

最后，狐狸终于逃脱了猎狗的追捕。

一个人做任何事情，心中的意图强烈与否会大大影响最终的结果。猎狗没有饿肚子的顾虑，因此放弃的念头轻易闪现，总是想着自己的退路，所以很容易就放弃了。而这对狐狸而言却是一场生死竞跑，跑慢了就会没命，所以它不敢偷懒，只有不断向前跑才能活命。做任何事情都是一样的道理，当我们全力以赴、破釜沉舟，就一定能成功。假如我们心中有预想，为失败找好了退路，那么成功就比较困难。

第13章 燃烧热情，勤恳努力助你驰骋于职场

卡耐基经常会讲述关于比尔·盖茨的一个故事：

在美国西雅图的一所著名教堂里，有一位德高望重的牧师——戴尔·泰勒。有一天，他给教会学校一个班的学生先讲了下面这个故事：

那年冬天，猎人带着猎狗去打猎。猎人一枪击中了一只兔子的后腿，受伤的兔子拼命地逃生，猎狗在其后穷追不舍。可是追了一阵子，兔子跑得越来越远了，猎狗知道实在追不上了，只好悻悻地回到了猎人身边。

猎人气急败坏地说："你真没用，连一只受伤的兔子都追不到！"猎狗听了很不服气地辩解道："我已经尽力而为了呀！"而兔子带着枪伤成功地逃回了家，兄弟们都围过来惊讶地问它："那只猎狗很凶啊，你又受了伤，是怎么甩掉它的呢？"

兔子说："它是尽力而为，我是竭尽全力呀！它没追上我，最多挨一顿骂，而我若不竭尽全力地跑，可就没命了呀！"

泰勒牧师讲完故事之后，又郑重其事地承诺：谁要是能背出《圣经·马太福音》中第五章到第七章的全部内容，他就邀请谁去西雅图的"太空针"高塔餐厅参加免费聚餐。《圣经·马太福音》中第五章到第七章的全部内容有几万字，而且不押韵，要背诵其全文无疑有相当大的难度。尽管参加免费聚餐是许多学生梦寐以求的事情，但是几乎所有人都浅尝辄止、望而却步了。

几天后，班中一个11岁的男孩儿，胸有成竹地在泰勒牧师

177

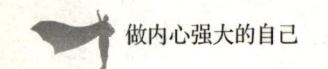

面前，从头到尾地按要求背了下来，竟然一字不漏，没出一点差错，而且到最后简直成了声情并茂的朗诵。

泰勒牧师比别人更清楚，就是在成年的信徒中，能背诵这些篇幅的人也是罕见的，何况是一个孩子？泰勒牧师在赞叹男孩那惊人记忆力的同时，不禁好奇地问："你为什么能背下这么长的文字？"

这个男孩不假思索地回答："我竭尽全力。" 16年后，这个男孩成了世界著名软件公司的老板，他就是比尔·盖茨。

卡耐基认为，当我们毫无保留、竭尽全力地去做一件事情的时候，结果往往是成功的。在生活中，这样的例子很多，有些事情从表面上看是极其困难的，但只要我们全力以赴，不保留、不妥协，不总想着自己还有退路，最终就会成功。很多时候我们之所以失败了，不是因为路途太艰难，而是我们丧失了继续前进的勇气，也就是说，我们没有付出全力。

正能量提示

卡耐基认为，每个人都有极大的潜能，一般人的潜能只开发了2%~8%，即便是像爱因斯坦那样伟大的科学家，也只开发了12%左右。有人得出了这样一个结论：一个人假如开发了50%的潜能，就可以背诵400本教科书，可以学完十几所大学的课程，还可以掌握二十来种不同国家的语言。"我已经努力了"这样的辩解是苍白的，因为仅仅有努力还不够，必须全力以赴才行。

1. 不要总想着退路

只有不留退路,才更容易找到出路;反之,如果总想着退路,就很难获得成功。一个人若是太纵容自己的懒惰和欲望,就很容易迷失方向。或许有人会说,不留退路是不明智的选择,有了退路,才能在危险的浪潮中获得更多生存的机会。然而,人们很容易忽视,对于大多数人而言,退路往往是诱惑人、蒙蔽人的因子,只要想到了退路,就会觉得这次不全力以赴下次还有机会,而在这个时候,成功往往会与我们失之交臂。

2. 再苦再累也要支撑下去

眼前的苦与累又算得了什么呢?再苦再累都只是暂时的,只要熬过这段时间,便会苦尽甘来,从而尝到成功的滋味。上帝总是在让我们获得快乐与幸福之前,习惯性地给我们一些考验,即便在我们看来这个考验的过程又苦又累,但只要全力以赴、努力支撑,遇到再大的困难与挫折也不放弃,那我们就一定能品尝到成功的快乐。

今日事,今日毕

卡耐基认为,行动的天敌常常是人们的拖延,而能够停止拖延的最好办法就是马上付诸行动。犹太人只占全世界人口的百分之一，但全球百分之七的财富却掌握在他们手中。这其中的一个重要原因，就是犹太人总是做行动的主人。犹太人做任何事情都尽自己最大的努力，从来不把今天的事留到明天。他们做事情绝不拖延，而是今天的事情今天做，时刻谨记"今日事，今日毕"。卡耐基的时间观念很强，所以他绝不拖延，也不会浪费时间，总是致力于做好每一件事。如果他认定是今天必须完成的事情，就会竭尽全力去完成它，哪怕别人已经下班了，他也要坚持把事情做完。于是他养成了做事严谨、珍惜时间的习惯，这也成为他能够成功的一个重要条件。

卡耐基举了这样一个例子：

马克·吐温曾经说过："如果你每天早上醒来之后所做的第一件事情是吃掉一只活青蛙的话，那么你就会欣喜地发现，在接下来的这一天里，再没有什么比这个更糟糕的事情了。"由此引发出"青蛙"规则，对每一个人而言，"青蛙"就是最重要的任务，如果我们现在对它不采取行动的话，就很可能会因为它而耽误时间，它也可能对我们的生活产生很大的影响。

有人引申出了"吃青蛙"的两个规则：一是如果你必须吃掉两只青蛙，那么要先吃那只长得更丑陋的。简单地说，假如在一天里我们面临两项重要的任务，那么我们应该先处理更重要的一项，即使重要的任务总是棘手的。养成这样的习惯，而且一开始就要坚持到底，完成一个目标再接着开始另一个目标。

二是如果你必须吃掉一只活的青蛙，那么即使你一直坐在那里盯着它看，也无济于事。摆在面前的即使是一项非常难完成的任务，也需要立即行动，漫无目的地思索以及任由内心惰性滋长只会浪费更多的时间，影响我们完成任务。

为了达成既定目标，提高自己的工作效率，要立即行动，即"吃掉那只青蛙"所阐发出来的理论：每天早上要做的第一件事情，就是对你来说最重要的那件事情，并使之成为一种习惯。这样时间久了，自然就能养成"今日事，今日毕"的好习惯。大量的研究表明，那些成功人士身上最显著的共性是"说做就做"。一旦他们有了明确的目标，就会立即展开行动，一心一意、持之以恒地完成这项工作，直至达到目标为止。

正能量提示

如果你走进卡耐基的办公室，就会发现在他的办公桌上，没有"未决"的文件。卡耐基的时间观念极强，他绝不会浪费时间。在他"今天的事情今天完成"的观念里，积压文件的做法是非常不可取的。因为一旦发现在办公桌上有待批的文件，里面极有可能有一批是极其重要的。如果没有按时处理，就可能会耽误很重大的事情，而这是在变相地浪费时间。

1.珍惜时间

金钱能储蓄，而时间不能储蓄。金钱可以从别人那里借，而时间不能借。人生这个银行里还剩下多少时间我们无从知晓，因此，时间更重要。卡耐基用投资来作比喻，投入多少不能用金钱来衡量，而要用时间来计算。他觉得，在时间和金钱这两项资产中，时间显得更为重要，只有时间才是最宝贵的。他还认为，一个人认识到时间宝贵的那一刻，也会变得富有。时间观念极强的犹太人，无论是在生活中还是在工作中，都极为珍惜时间。所以，他们做任何事情的原则就是今天能完成的事情绝不会拖到明天。

2.看谁跑得快

懒惰是借口的来源，如果我们不再为自己找借口，那就必须让自己变得勤奋。生活给我们每个人相同的平台，谁跑得快，谁就能第一个站在台上接受鲜花和掌声。假如你跑得慢，就只能在后面忍受别人的讥讽，但你可以比别人更勤奋一些。懒惰是一种习惯，勤奋也是一种习惯，既然都是一种习惯，为什么不让自己变得勤奋一些呢？

第14章　轻松生活，保持激情让身体更轻盈

卡耐基认为，身体是革命的本钱。在日常生活中，我们要善于激发生活正能量，保持对生活的激情，让身体彻底地放松下来，这样才有足够的力量去生活。生活中的正能量很多时候是身体健康带来的，试想，没有健康的身体，又何谈正能量呢？

健康饮食，远离"亚健康"

卡耐基告诫年轻人，要关注饮食，远离亚健康。前几年，我们还可以自豪地拍着胸脯说"身体倍儿棒"，也不会注意自己的饮食情况。早上若是感觉不怎么饿，就干脆不吃早餐，也省去了麻烦，即使吃也是去小摊买点油炸食品；中午休息时间太短了，直接到快餐店来份午餐，匆匆解决掉；晚上几个哥们儿姐妹一起海吹喝酒聊天吃火锅，玩得不亦乐乎；到深夜会在街上吃点夜宵再回家。这样的生活虽谈不上滋润，却很惬意，但近几年，满大街流行的词汇都是"亚健康"，刚开始我们不是很明白，"亚健康"不还健康着吗，着急什么？后来，我们才明白原来"亚健康"已经离疾病不远了。拿着"亚健康"的介绍一个个对比，发现自己不知不觉间也显露出"亚健康"状态了。这时候才猛然惊觉，过去一直没有注意的饮食情况，导

致了自己现在的"亚健康"状态。正所谓"防患于未然",也许有的人对那些所谓的"健康饮食"抱以不屑的态度,仍然随意粗鲁地对待自己的胃,这时你正踏上"亚健康"之路。所以,为了身体健康,需要拒绝那种不健康的饮食习惯,保持自己的健康饮食。

梦洁刚刚大学毕业,在家人和朋友的帮助下找了一份不错的工作,每个月薪水不少,唯一的不足就是太忙,忙得都没有睡觉的时间。所以,早上为了能赖十几分钟的床,她索性就省去了早餐。有时候,闻着隔壁小吃店的美味,也忍不住买点东西吃。但是,她从来不喝牛奶不吃面包,她觉得那样的饮食搭配寡然无味,还不如吃点油炸食品。

中午的时候,当别的同事都出去吃饭了,梦洁还在公司忙碌着,经常都是叫外卖。吃着快餐店的饭菜,她都分辨不出什么是美味、什么是难吃了,只要能吃饱就行,这样下午才有力气工作。在她看来,中午这顿不用花多少心思,因为白天大家都忙,还不如留着肚子晚上吃个痛快。傍晚,梦洁结束了一天的工作,邀约几个好朋友去酒吧玩,喝酒唱歌跳舞,好像把白天工作所带来的那种疲惫都摆脱得一干二净。玩到很晚大家才散伙,因为在酒吧只顾着喝酒,这时候才发觉饿了,于是又吃着路边的烧烤,或者回家煮包泡面。

她从来没有觉得自己的饮食有什么问题,直到她最近觉得身体不太对劲儿。在医院,当医生把"亚健康"这样的字眼抛给梦洁时，她有些不相信，自己才刚刚大学毕业正值青春年华，怎么会处于"亚健康"状态了。医生笑着说："就是你们自认为太年轻了身体很好，从来不爱惜身体，不注意饮食，导致了亚健康。所以，你们要特别注意自己的饮食习惯，否则还会引发身体疾病。"梦洁拿着医师开的营养饮食清单，心里却在想，自己还真舍不得与那深夜的美味烧烤"Say Good bye"呢？可是，身体的健康问题咋办？她陷入了纠结。

也许，我们身上都有梦洁的影子，不讲究早餐午餐的营养，却贪念深夜的美味烧烤。但是，如果不良的饮食习惯和身体健康摆在面前，自己又会作出怎样的选择呢？虽然受到医生的警告，但有的人还是"不见棺材不掉泪"，任性地折腾自己的身体，直到躺在了医院才发现事情的严重性。其实在这样的情况下，我们应该作出正确的选择，舍弃不良的饮食习惯，摆脱"亚健康"的影子，恢复健康的身体。当身体处于健康的状态，心情自然也会好起来，工作也很有劲儿，你会发现原来生活是多么美好。

正能量提示

可能有人还在疑惑，"亚健康"到底是什么？用比较通俗一点的话说，就是你已经接近生病了，虽然从表面上还看不出什么具体的症状，也没有明显地感觉到身体上有什么不舒适，但是也许就在你转头的一刹那，疾病就出现了。当疾病真正来临，你可能还在迷惑之中：身体不是好好的吗，怎么说病就病了呢？其实，这就是你没有及时地认识到自己的身体已经处在了"亚健康"的边缘。如果在疾病没有来临之际，你能通过身体的一些异样及早发现，使身体在亚健康状态中恢复过来，那么就避免了去医院的"厄运"。

如果你最近觉得记忆力减退，开始忘记熟人的名字；如果你最近做事情经常后悔，容易发脾气，难以控制自己的情绪；如果你最近注意力总是不集中，精力也越来越差；如果你最近处于敏感紧张状态，惧怕任何人任何事；如果你最近容易疲乏，莫名其妙地感到体力不支等。假如这些所描述的情况都出现在你的身上，那么你要保持警惕了，也许你正处于"亚健康"状态，为了保持身体健康，首要任务就是要保持健康的饮食。

当然，如何以健康的饮食来"吃"掉亚健康，我们还应该在饮食的营养搭配上下工夫。

1. 食补

如果你觉得烦躁且易失眠健忘，就可以选择多摄取一些含钙、磷的食物，比如，大豆、牛奶、鲜橙、葡萄、土豆、蛋类；如果你觉得神经有些敏感，那就多吃蒸鱼，还要适当加一些绿叶蔬菜，还可以少喝些葡萄酒；如果你觉得体质比较虚弱，那就多吃炖鱼，在吃饭之前可以小睡一会儿；如果你整天对着电脑，觉得眼睛很疲劳，就可以在中午吃一份鳗鱼，或者吃点韭菜炒猪肝也很有效；如果你觉得大脑比较疲劳，可以吃点坚果类，诸如花生、瓜子、核桃，可以健脑，增强记忆力。

2.均衡膳食

另外，还要保持每天的健康饮食，营养师建议：早餐吃饱为好，应喝豆浆或牛奶，外加一个苹果，千万不要吃油条，尽量少夫早餐店吃饭，在家准备点全麦面包或馒头花卷小菜；午餐有条件的话可以吃点鸡、鱼、粗粮；晚餐六七分饱就可以，但一定要杜绝油炸食品，而且不要喝酒，睡前可以喝点牛奶或红葡萄酒。所以，从现在开始舍弃那些不良的饮食习惯，选择健康的饮食，使自己远离"亚健康"状态吧。

学会合理释放负面的情绪

卡耐基认为，每天我们都可能面临着生活带来的愉快、悲伤、愤怒和恐惧。但是，这样形成的情绪和情感往往是短暂的，哪怕是负面的情绪如痛苦之后，强烈的体验也会随着刺激的消失而消失。可是，如果那些焦虑和忧愁长期存在，就会使人惶惶不可终日，由不良情绪引起的生理变化也久久不能恢复。其实，长期压抑的情绪对人的身体健康是有着很大影响的，紧张忧虑的情绪不仅影响生活质量，还会给身体带来更大的伤害。那些压抑的情绪在身体里撞来撞去，让自己很难受，还有一种说不出来的悲哀，严重者还会就此患上抑郁症。也许有时候，你会因为种种因素而压抑心中不良的情绪，还安慰自己说"忍忍就过去了"，其实，总是压抑自己的情绪，会逐渐影响身体，甚至带来更大的伤害。抑郁一段时间之后，你会发现身体出现了诸多不适，不仅给自己带来了心理上的疾病，还引起了身体上的疾病，这根本就得不偿失。所以，当自己产生一些不良情绪时，一定要通过正确的渠道释放出去，从而获得心理身体上的双重健康。

小曼一度心情很抑郁，因为她发现以前老把"爱"挂在嘴边的老公有了外遇。刚知道这个消息的时候，她就觉得心中的那个世界已经坍塌了。自从结婚之后，小曼就辞去工作在家里相夫教子，把重心也放到了孩子身上，忽视了打扮学习，也忽略了老公的感情，自己成了黄脸婆，老公也就出轨了。

之后，她的心情就一直很压抑很低落，对未来生活没有希望和期盼，很迷茫，每天都守着房子过日子。新年马上就到了，她觉得完全失去了生活的勇气，连天天跟自己在一起的老公都可以背叛自己，还有什么值得依靠的？有一天，她突然觉得烦躁不安，手心出汗，浑身不自在，什么也听不进去、看不进去，感觉有点崩溃。好朋友来看她，小曼也不好意思把真相告诉朋友，觉得这是家丑。她也试着跟老公谈了一次话，可老公满脸愧疚地说没有打算跟自己离婚，但又牵挂着其他女人，小曼觉得自己实际上是守着一具空壳过日子，她不想去过问他的行踪，可一想到老公和其他女人在一起，就觉得很痛苦。

小曼去医院例行检查，发现自己患上了慢性浅表性胃炎，难道这就是守住婚姻的代价吗？小曼心情糟透了，精力严重透支，她也不知道自己该怎么办。

小曼一直压抑自己的情绪，使那些恶劣的情绪影响了自己的身体，也破坏了生活的质量。其实，她大可以跟老公吵一架，选择干脆地离婚，但她并没有这样做，她只想守着自己的婚姻。最终因为不良情绪压抑得太久患上了疾病，给自己身体造成了严重的伤害。也有不少女人觉得自己与另一半的相处比较压抑，自己即便对他有什么不满，也总是强忍着，告诉自己不要跟他计较，尽量不生气，但是这样的情绪压抑久了，难保自己不会做出一些冲动的行为。所以，对于那些不良的情绪，要舍弃压抑的方式，选择正确的渠道来释放，这样才有益于身心健康。

正能量提示

可能有人觉得，既然不能压抑自己的情绪，那就随处释放，不管是同事还是朋友，一股脑儿向对方发泄。卡耐基认为，压抑的情绪是需要释放，但前提是通过正确的渠道，而不是无所顾忌地就随处释放出来。也许，不同的人会选择不同的释放渠道。有的人喜欢运动，有的人喜欢通过参加休闲活动来放松心情，有的人喜欢听歌看小说，还有的人选择睡个好觉。

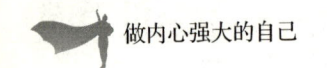

其实，无论是哪种途径，只要能顺利地释放不良情绪，都是值得采纳的。因此，面对不良情绪，要舍弃压抑的方式，选择正确的释放渠道，保持自己身心健康。

1.想哭就哭

众所周知，女性普遍比男性的寿命长，除了职业、生理、激素、心理等各方面的优势条件之外，女性喜欢哭泣也是一个重要的因素。因为哭泣是一个释放不良情绪的渠道。哭泣之后，在情绪强度上就会减低百分之四十，如果不能利用眼泪把情绪压力释放了，就会影响身体的健康。所以，强忍眼泪就等于"自杀"。可是。哭泣的时间不宜超过15分钟，否则也会对身体造成伤害。

2.适当娱乐一下

当然，眼泪并不是唯一释放情绪的途径，尤其是对于许多男性来说。这不得不让人想起曾经的流行语"你今天偷菜了吗"，如果见面不说"偷"，就好像自己不前卫不时髦跟不上时代步伐一样。其实，除去"偷菜"本身所具备的娱乐性质之外，它之所以能风靡网络，还源于对压抑情绪的释放。许多上班族忙碌了一天，总希望能通过一件愉快的事情来释放自己压抑的情绪，而"偷菜"就成了一个巧妙的出口。总之，不同的人会选择不同的途径去释放自己的不良情绪。

学会对自己微笑

卡耐基说:"每一个人都在寻找快乐,而只有一个方法能保证你找得到它,那就是微笑。人生,每天不一定都能得到快乐,如果碰到了烦恼的事情,记得给自己一个微笑;碰到了令自己生气的事情,记得给自己一个微笑。微笑,可以使自己产生一种豁达的心态。"对自己微笑,也是一种积极的心理暗示,暗示心中一份好心情;给自己一个微笑,你会发现生活的美好其实就在心中。微笑,本身就是一种感情交流的美好神态,对别人真诚地微笑,体现了一个人热情、乐观的心态;对自己微笑,则是一份乐观的自信。让我们的心灵一直处于愉悦之中,你会发现,生活中的美好并不一定需要真切地寻找,它其实就在我们心中。

卡耐基曾在培训课上讲过这样一个故事:

在清水龟之助小时候,他随着母亲到寺院去上香,看到方丈正在清洗新鲜桃子,于是站定了不想离开。方丈清洗完桃子之后,就把洗好的桃子递给了清水龟之助,但他的妈妈却认为这样做不好,不让清水龟之助伸手接桃子,并对方丈说:"师父你还是自己留着吧,这桃子若是给了他,你就少了一个!"方丈听后就笑了:"虽然我少吃了一个桃子,却多了一个吃桃的快乐。"说完,方丈便把新鲜的桃子塞到了清水龟之助的手中,悄然离去。

从这以后，清水龟之助就懂得了快乐是可以互相传递的。长大后的他因为生活所迫而成为邮差，刚开始的时候，他感到很苦闷，但他并不想把自己的苦恼传染给他人，所以自始至终他在工作时都保持着微笑；不仅如此，为了获得一份愉快的心情，每天早上，他都会对着镜子给自己一个微笑。当他看到许多人在接到信件之后露出了开心的笑容，那份快乐又传递给了自己，他觉得邮差这份工作还是挺有意思的。

在很多人看来，邮差是一份辛苦的工作，而且收入很微薄，所以很少有人会将其作为一生的职业。然而，清水龟之助怀着开朗乐观的心态，对自己微笑，一干就是整整25年，成为日本少数的老邮差之一。每天一大早，清水龟之助就用自行车驮着报刊和邮件穿梭于城市的大街小巷，凡是接受过清水龟之助服务的居民都特别喜欢他，因为他每天都面带笑容。当居民们从他手中拿到信件和报刊的时候，也获得了一份他所传递的快乐。他的事迹使他获得了国家级的奖项——终身成就奖，在这之前那些获得该奖项的人都是社会精英，有的人对一个邮差获得如此殊荣而感到不解。但是，在得知清水龟之助的事迹之后，他们改变了自己的想法，纷纷为清水龟之助鼓掌。

1972年，尼克松竞选连任总统，由于在第一任期内政绩斐然，他有绝对的优势获得胜利。但是，他走不出失败的阴影，没有学会对自己微笑，于是在潜意识的驱使下，派手下潜入对手的办公室安装了窃听器。最后，在选举胜利后不久就被迫辞职。成功的时候，需要给自己一个微笑，但不可流连太久；失败的时候，更需要给自己一个微笑，用轻松的心态去面对挫折；生气的时候，需要给自己一个微笑，用乐观的心态去战胜内心的不良情绪。对自己微笑，是一种积极的心理暗示，暗示自己没有必要生气。

伟大的发明家爱迪生的工厂曾经失火，导致了近百万美元的设备瞬间化为乌有，67岁的爱迪生听到消息后赶到了火灾现场。旁边的员工们认为他看着这一片废墟，一定十分生气，谁知爱迪生表现得十分镇静，甚至还笑着说："这场大火烧得好哇，将我们所有的错误都烧光了，现在可以重新开始了。"生活就如同一面镜子，你对它哭它就哭，你对它笑它就笑。对自己微笑，我们将收获一份乐观的心态，而这样的心态将帮助我们战胜一切不良情绪。

梁实秋说："一个人发怒的时候，最难看。"确实，一个发怒的人，脸红脖子粗，龇牙咧嘴，难免会有损自身形象。俗话说："人一发怒，上帝就发笑；上帝一发笑，人就很难平心静气地去思考。"相比于微笑，发怒的表情实在很难看。所以，为了自身的形象，我们要学会对自己微笑，而不是将发怒的表情定格在脸上。

正能量提示

卡耐基认为，每一个人都要学会微笑，更好地享受生活，

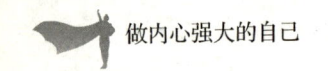

只有对自己微笑，快乐才会将生活围绕。微笑，不仅代表着我们的心态，还能够有效地影响他人的心情。所以，学会对自己微笑吧，你会发现生活的美好其实就在自己心中。

1. 对自己微笑，补充正能量

古人云："人生不如意之事十之八九。"在日常生活中，我们总是避免不了一些烦心事，虽然我们无法改变事情的好坏，但我们却可以改变心情。不管遇到了什么，都要学会对自己微笑，补充渐渐流失的正能量。微笑，是一种愉悦的表情，但并不是每个人都能做到对自己微笑。

2. 不要忘记对自己微笑

在人生道路上，既有坦途，也有坎坷荆棘，人们在失败时就消沉低迷，忘记了微笑是什么；在生气愤怒时就歇斯底里，忘记了微笑是什么。失败了给自己一个微笑，生气了给自己一个微笑，以平常心来面对生活中的成功与荣誉，你会发现生活其实很美好。在我们身边，有的人成功了，有的人却失败了，造成这样不同结果的原因是什么呢？其实，我们都忽略了最重要的一点，那就是是否忘记了对自己微笑。

第15章　甜蜜爱恋，爱情是生命的魔法师

千百年来，最能打动的人还是爱情。然而，爱情也是有正能量和负能量的。有的感情会让我们全身充满力量，感受到这个世界的美好；而有的感情则会让我们感觉到痛苦，举步维艰。但凡爱情，它所带来的都是难以言说的悸动，所以我们要善于激发恋爱中的正能量，让自己沉浸在爱河中。

有爱就表达出来

卡耐基认为，人们在刚开始恋爱的时候，彼此都十分依恋，每一分每一秒都恨不得跟对方在一起。那时候，你在他心中永远是重要的，他几乎推开所有的活动，避开所有的朋友，甚至无心工作，整日只围绕你一个人转；只要一听见你身体不适，无论多远，甚至跋山涉水，也要见你一面；花整整一天时间炖好鸡汤，也是为了微笑着看你喝下去；冒着风雨，跑遍整条街，只是为了给你买一个发卡。刚开始的时候，我们都为对方无尽地疯狂过，几乎是对方的全部。曾几何时，我们发现自己在对方心中已经不那么重要，总有那么多应酬，对方总是那么忙，忙得见一面都很难。这是为什么呢？

小李和男友在一起一年了，近段时间，她发现自己在男

友心中的位置下降了。以前刚在一起的时候，男友整天围着自己转，自己有什么事情，只要打个电话，他立马就赶来了；现在白天打个电话也没人接，末了回过来总是说自己工作忙，小李正想反击："以前怎么没有见你有这么忙？"可是没想到，话还没有说出口，对方就挂了电话，传来一阵盲音。小李气极了，打电话跟他吵起来，男友总是那句："我很忙，你怎么就不能善解人意点？"

更让小李气愤的是，周末准备找他一起逛街，可是一打电话，男友居然说自己正和朋友在乡下采风呢，没有时间陪她。

小李对自己的处境感到很苦恼，自己在男友心中已经没有地位了，难道男友已经不爱自己了吗？

其实有时候，并不是他对你没有感情了，而是在一起的时间太久了，恋人之间已经处于一个很平淡的时期。恋人之间的新鲜感已经过去，他在工作之余也想和朋友一起出去过过四处游玩的日子。当恋爱已经处于一个平淡的阶段，失去了最初的疯狂和激情，他就不会挖空心思来表示你对他的重要了。这时候，就需要你适时地用自己的方法来向他表示你对他而言是异常重要的。

正能量提示

当你觉得你在他心中的位置已经不那么重要的时候，千万不要跟他大吵大闹，更不要去指责他。而要比平时更加关心他，把

他的生活打点得无可挑剔,这样,他的生活就离不开你了。

1. 支持他

如果他工作压力大,你就为他减减压,在你们之间营造一种愉快的氛围:适时地讲讲你生活中遇到的趣事,让他觉得跟你在一起是轻松的、没有压力的;为他分担一些烦恼的事情,温柔地告诉他:你是他永远的港湾,坚强的后盾。

2. 关心他

生活中,每时每刻都表现出你无微不至的关心:吃饭的时候,如果自己没能陪在他身边,一定要记得打电话告诉他,提醒他按时吃饭;每个周末,抽个时间一起吃顿饭,点几个他最爱吃的菜。他出差的时候,在他包里放些感冒药、治胃痛的药,告诉他没有你的陪伴,要好好照顾自己;每天至少给他打个电话,哪怕只是说一句"我想你了";不要总是追问他在哪里,不要打电话责骂他,把关心的话说给他,就先挂电话。

3. 让他习惯有你

当他已经习惯你每天的关心,开始依赖你的时候,你的方法已经奏效了。这个时候,就应该制订下一步计划了。他已经完全依赖你了,你应该适时地消失一阵子,但是时间不宜过长。或者跟几个好友一起出去旅游几天;或者跟爸爸妈妈待上一阵子;或者因工作需要出差几天。你会发现,你其实才走了一天,他的电话就接二连三地追来;你才下飞机,他就催你回去;甚至,他会忍不住偷偷地来找你。因为你走了,他才发现

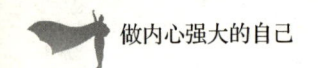

自己的生活有了一个缺口，他才猛然意识到你对他而言是多么的重要。你要先努力地融入他生活的点点滴滴，给予无微不至的关心。让他习惯你、依赖你，感受到你的重要性。

爱情，合适的才是最好的

卡耐基这样比喻爱情：每个人都有买鞋子的经历，当我们站在橱窗外，看着橱窗里那漂亮而款式新颖的鞋子就会兴奋不已，甚至还会以自己独特的审美目光选出最好的一双鞋子。于是，自己迫不及待地取过来试穿，才发现不是太大了就是太小了，或者那看似别样的款式并不适合自己，望着镜子，自己都会别扭极了。而这时候，美丽的导购小姐会极力向你推荐："您可真有眼光，这可是我们店里最好的款式，我看挺适合您的。"在你没有忘记微笑之余，还是会带着遗憾离开，因为不合适的鞋子买来根本没有用处。其实，那挑选鞋子的过程就是我们寻找爱情的过程。爱情，就如鞋子一样，只有合适的才是自己所需要的，那些外表光鲜亮丽的鞋子，有时候并不适合自己。现在，游荡在爱情城堡周围的男男女女越来越清晰地认识到：最好的未必是最合适的，而最合适的才是最好的。的确如此，一双再漂亮的鞋子，如果连合适都谈不上，又怎么会是最好的呢？它只适合放在橱窗里供人欣赏，而不适合带回家。所

第15章 甜蜜爱恋，爱情是生命的魔法师

以在爱情的世界里，学会正确地取舍，选择最合适的，舍弃那看似最好的，才能收获最美丽的爱情。

同事小娜在一家公司做销售，人很漂亮而且能力优秀。虽说才刚刚大学毕业，可是在短短的一年之内，她居然将营业额升到了占全公司的三分之一，作为一个初出茅庐者，确实不同凡响，她也因此而令人刮目相看。

后来，大家听说她谈恋爱了，都觉得很好奇，很想知道这位传说中的男士是怎么俘获她的芳心的。有一天，她偕男朋友与公司同事见面了，满足了大家的好奇心，同时也让大家大跌眼镜。这位Mr. Right细高个儿，其貌不扬，看起来很斯文，不怎么爱说话，据小娜介绍是在旅行社工作。同事们都觉得这位男士"硬件"和"软件"都不怎么样，与漂亮能干的小娜站在一起，给人极不相配的感觉。而且，由于同事们都很佩服小娜的能力，以前还私下评论过她未来男朋友该如何如何了不起和能干，没想到现在居然是这个样子。特别是同事小孟对这总不愿相信，还不停地摇头："真想不到，这么漂亮的女孩最终找了这样一个人，我真不能接受。"感叹之余，还是很不理解。可是，看着小娜挽着男朋友那幸福的样子，大家又觉得很释然。

爱情的最终目的不过是幸福，不管别人是怎么看的，只要你觉得最适合你，那就是最幸福的。在爱情的世界里，没有最好的，只有最合适的，这就要看你如何来取舍了。小娜的选择是最适合她的，因为大家看到了她眼中飞扬的神采，还有她男

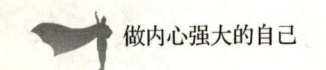

朋友欣赏和赞许的目光。或许在外人看来，这两人显得不那么般配，但鞋子合不合脚，只有脚知道，幸福终究是属于自己的。所以，要想赢得爱情，那就选择最合适的，而不是最好的。

正能量提示

女人大多嫁不了有钱人，男人也大多娶不到漂亮女人，但是，他们依然过着幸福的生活。因而，渐渐流行一句话：爱情，寻找最合适的，而不是最好的。也许，我们都很欣赏这样一句话：你不是最好的，但我依然只爱你。仔细回味这句话，我们能感受到那种乐观豁达而又理智执着的爱情。当一个最好的与最合适的放在你面前，你会怎么选择呢？最好的也许会带给你物质上的充足，却无法满足你精神上的需要；最合适的会给你带来精神上的极大满足，从而使爱情变得完美。物质生活，可以用双手来创造，而精神生活却是无法被创造的。

1.爱情到底是什么

爱情就是当你知道他并不是你所崇拜的人，而且清楚地知道他还存在着种种缺点，却仍然选择了他，并不因为他的缺点而抛弃他的全部、否定他的全部。如果有一个人，他在你的心目中是绝对完美的，没有一丝缺陷，你敬畏他却又渴望亲近他，这种感觉不可以叫作"爱情"，而应该叫作"崇拜"。

2.最好不一定最适合

通常来说，别人认为最好的，不一定适合你；你认为最好的，也不一定适合你。爱情的关键是要两个人都能配合对方的脚步，有一双欣赏的眼睛和一对愿意倾听的耳朵，一起发现爱的真谛。在我们短暂的生命中，又有什么才是永恒的呢？金钱还是权力？名誉还是地位？其实，这都不是永恒的，只有爱才是永恒的，是一种恒久的财富。当岁月流逝，我们需要的不是高高在上的地位，也不是手中至高无上的权力，而是来自爱情的温暖与体贴。

3.适合才会达到契合

这个世界优秀的人很多，合适的人却很少。那些优秀的人对于自己未必是最好的，而合适的才是最好的。我们的一生中都处在取舍之间，要学会拒绝那最好的却不适合自己的，选取最合适的爱情。在最合适的爱情里，有一种难以言说的契合，你可以在他那里看到你自己。每个人活着就是为了找到自己，如果你能在他那里找到自己，就选择他吧。因为，他对于你而言是再合适不过的，没有人会比他更好了。

爱情，需要呼吸的空间

劳伦斯曾经在《儿子与情人》中说："爱情应该给人一种自由感，而不是囚禁感。"成功学大师卡耐基认为，真正的爱情应该是彼此有着自由呼吸的空间。也有人说，最美丽的爱情就是两个人既是共同体，又是相互独立的个体。爱情固然需要火花的碰撞，也需要激情的燃烧，但是如果将爱的琴弦绷得太紧，那爱势必会在浪漫的释放之后走向决裂的坟墓。正如那句名言所说"最快失去爱的方式是将爱抓得太紧，而最快获得爱的方式是给予爱"。爱情就像是一滴晶莹剔透的水珠，你越是紧紧地握着，它就越快地从你指缝中流走、蒸发，最终成为没有颜色的悲哀。像这样的爱情被我们称为"束缚的爱"，也有人称为"捆绑的爱"，因为爱得太用心，爱进了骨子里，所以，爱就悄无声息地逝去了。但是，如果你能放下束缚的爱，松开自己的双手，让那一滴水珠蔓延在你花样的手纹里，就能将其美丽尽收眼底。喜欢在春天放风筝的人都知道这样一个道理，风筝的线若是拽得太紧，风筝就会徐徐而落；若只是轻轻地抓住风筝线，那么风筝就可以自由地在天空中翱翔。爱情，就和风筝一样，也需要自由地飞翔，如果你紧紧地抓住它，爱就会死去。爱人之间，也需要呼吸的空间，每一个渴望爱情或者正在爱情中的人一定要记住，爱和风筝一样，也是需要放生的，紧紧抓住的爱会慢慢地在手中死去。如果你能懂得放开，爱就会变得更强壮，也更有生命力。所以，在爱情的世界里，不要束缚，选择给爱放生，留出一点距离，让对方自由地呼吸。

他和她认识在浪漫的大学时代，然后在一大帮朋友的撮合下陷入了热恋。他很爱她，这是众人皆知的秘密；她也很爱他，这一点没有人怀疑。朋友都说她就像是他的影子，总是跟在他身边，形影不离。有人说，距离产生美。但他们俩却异口同声地反驳：有了距离，美也就没有了。

她不喜欢他抽烟，特别是在公共场合，那他就不抽，只要她高兴；她还不喜欢他上网打游戏，说那样会玩物丧志，他也可以不打，因为他认为她说得很对。她不让他做的事情，他从来不坚持，因为他觉得她也是为了自己好，他应该尊重她。渐渐地，他已经习惯了她这样左右自己的生活，而她也觉得只有这样，才能充分说明自己在他心目中的位置。

大学毕业后，他们开始工作了。他的工作时间并不是法定的八个小时，而是更长。刚开始，她只是埋怨他没有时间陪她，但是后来，这种埋怨逐渐升级为猜疑。有一次，他加班回家已经深夜一点了，一进门就看到她坐在床上，便问她为什么还没有睡，她阴阳怪气地说想等他回家闻闻身上有没有香水味。他只当她开玩笑，脱衣服去洗澡，可洗完之后却发现她正在床上翻自己的口袋。那天晚上，两个人都无法入睡。

后来，她每天都会打数十个电话查岗，他终于有一天忍无可忍，生气道："我在单位，你可以放心了吧？"这样的行为愈演愈烈，每天都会有歇斯底里的争吵，感情也一点点地被扼杀了。

正能量提示

卡耐基说，在爱情的世界里，我们都有过感动、有过信任，但在某些时候，这样的信任远远不及自己的猜疑。到底是什么扼杀了爱情？其实，真正的凶手就是自己抓得太紧了，没有给对方足够的呼吸空间，让爱情窒息而死。当爱情逝去了，有人才开始追悔"我为什么会傻到去猜疑一个如此爱自己的人，甚至做出那么多愚蠢的行为"，纵然幡然醒悟，但终究亲手扼杀了一段美丽的爱情。一直以为，只要有爱，就没有什么不可以，但是现在想来，爱情和人一样，也需要空间，也需要氧气，这样才能生存。

1. 爱情只需八分饱

刚开始恋爱的时候，爱很感性，也很缠绵，但不可能整段爱情都是如此。爱情只是生活的一部分，除了谈恋爱，还需要生活、工作，不可能二十四小时都把注意力放在对方身上。在爱情里，每个人都需要保留一点自我的东西，不要过于依附对方。爱情就像吃饭一样，只要八分饱就可以了。爱一个人不要爱到十分，爱得太过会让人有窒息的感觉，也会成为一种束缚。那么，剩下的两分就留出来，成为两个人自由呼吸的空间。在爱情里，要舍弃捆绑的爱情，学会为对方留出一点空间，让爱自由呼吸。

2. 遵守爱情中的"刺猬效应"

其实，人与人之间永远都存在着一个交往的距离，若离得太远，感受不到关怀，会显得孤独落寞；若离得太近，又会彼此限制，互相伤害。这样就像是冬天里互相取暖的两只刺猬，进行多次尝试之后才找到了一个合适的距离：既能获得温暖又不至于受伤害。人际交往中也需要保持适当的距离，这在心理学上被称为"刺猬效应"。在人际交往中存在着"刺猬效应"，在爱情中体现得尤为明显。

第16章　婚姻围城，需要我们精心维系

卡耐基认为，婚姻也是需要正能量的。就卡耐基本人而言，他的第二任妻子桃乐丝很支持他的事业，他们之间的关系一直很融洽。就在卡耐基63岁时，桃乐丝为他生下一名女婴，名为唐娜·戴尔·卡耐基，现任美国卡耐基培训公司董事长。在一段婚姻里，我们需要发挥出婚姻本身的正能量，因为家庭美满才是最大的幸福。

恒久的婚姻，需要彼此的宽容来维系

卡耐基认为，恒久的婚姻，是需要彼此的宽容来维持的。在婚姻的世界里，并没有一百分的一个人，只有五十分的两个人。或许他有一些小缺点，偶尔还会犯一点小错误，这时候，都需要你的原谅与宽容。在这个世界上，就连圣人也免不了会犯一些错误，更何况我们普通人呢？有人说，原谅生活，是为了更好地生活。其实，在婚姻的路上，学会原谅你的另一半，也是为了更好地生活。别跟自己过不去，也别跟他过不去，没有理由不滋润快乐地生活，关键是我们在婚姻中怎样来取舍。他有一些错误，但婚姻与之相比更加美好，我们又有什么理由来拒绝婚姻呢？两个人曾经那么相爱，还记得雨天里浪漫的散步，还记得那

次他陪着你逛了一整天的街,还记得他说"只要你做的饭菜,我都喜欢",还记得他在泥泞的路上毫无犹豫地背起了你,还记得以前那艰难的日子里相濡以沫的点点滴滴。所以,两个人既然真心相爱,就没必要为了一个错误而放弃这段来之不易的感情。

樱子的新房装修好了,回想和老公一起走过的日子,她觉得时间真快,他们终于有自己的家了。他们是大学同学,在一起7年,房子的首付是两个人三年攒下来的,虽然那段日子过得很艰辛,回想起来却无比幸福。樱子经常说,那就是一起吃苦的幸福。结婚后不久,婆婆来了,因为照顾小孩子,要住一个多月,樱子也表现出媳妇的孝心,陪着婆婆买衣服,还塞给婆婆零用钱。

一天下班之后,樱子回到家发现自己的房间好像被人动过,所有的摆设都换了位置,她想找东西也找不到,当时心里有点生气。她就对婆婆说:"妈妈,你打扫房间的时候动我房间里的东西了吗?我连明天要穿的衣服都找不到了。"没有想到婆婆情绪很激动,一直在那里说:"屋里东西哪些能动,哪些不能动你也不说,我怎么知道?我收拾东西帮你打扫卫生,不指望你能干活。"婆婆啰唆起来没完没了,她根本就插不上话,她一开口,婆婆就提高声调,完全不给她解释的机会。还说:"下次我不进你房间打扫了,你自己来做清洁。"她关门进了卧室,丈夫就出去了,他是个特别孝顺的儿子。婆婆的唠叨还在继续,说的是家乡话,听着好像说她不爱干净和把儿子拉扯大不容易之类的话。

第16章 婚姻围城，需要我们精心维系

樱子在房间里实在很憋屈，忍不住哭出来，说道："我并没有说怎么样，以后你愿意怎么样就怎么样吧，我什么都不会管的。""你这是什么意思，觉得我这个婆婆碍事了，那我走好了，明天就走。"说完，还一把鼻涕一把泪的。这时候，丈夫回来了，伸手就给了樱子一个耳光。樱子捂着自己那通红的脸颊，开始大叫："我要离婚！"因为樱子一向反对家庭暴力，而且这也是两人以前约好的。

事后，丈夫向樱子道歉并请求她的原谅，要她放弃离婚的想法。她相信他是爱自己的，他们一起吃了很多苦，两个人互相扶持走到现在不容易，共同经历了数不清的风风雨雨。但是她总害怕会再次被打，再三考虑后，一纸离婚协议递到了丈夫的手里。

丈夫在一时冲动之下打了她，也打破了两个人的婚姻。如果樱子原谅了丈夫，那一家人还可以和和美美地过下去。可就在转眼间，幸福却因为一个不原谅而烟消云散，而且这只是一件很小的事情。两个人能经历风风雨雨走到一起，真的很不容易，没有理由轻易放弃一段来之不易的感情。所以，请选择原谅他，放下偏执，让那些不愉快的伤痛成为过去，给它画上一个句号，明天的生活就会更加美好。

正能量提示

每个人的心里都隐藏着一个杯子，这个杯子里装满了心

事，如果心事太多了，就会溢出来，影响身体健康。所以，在适当的时候需要倒掉一些才行，否则心中的负荷太重了，就会使我们的心情沉重，呼吸困难。而在婚姻的城堡中，没有谁敢保证他永远不会犯错，每个人都会犯一些错误，如果你把爱人的错误压在心底，就会造成心理负荷，使杯子里装满不安和痛苦，难以获得快乐。

这时候，舍弃心中的计较，选取宽容大度的原谅，你们就可以重新收获爱情，也可以更好地生活。无论是生气还是吵架，都是激化爱情矛盾的催化剂，要学得理智一点，不要再为他的错误而耿耿于怀，宽容地原谅他，给他一个改过自新的机会。而他也会从心里感激你的豁达与大度，你们的生活依然可以过得很幸福。

被误会也要学会理解

卡耐基说，有时候，我们也会在婚姻的世界里遭遇误会、误解，甚至一件微不足道的小事也会让对方觉得难以理解。误会重重，越想解释，看起来却越像掩饰，于是，误会就像是弥天大雾，阻挡了爱情前进的脚步。一方迟迟打不开心结，而被误会者更是受尽委屈，心中愤恨不已，这样的两个人在一起，就注定了伤害与痛苦。有的爱情，仅仅因为一次误会而终结，

第16章 婚姻围城，需要我们精心维系

导致两个本来相爱的人走向陌路。为什么爱情会这么不堪一击呢？其实，误会毕竟是误会，只要拨开了眼前的迷雾，生活就会充满阳光。当自己被误解的时候，也要学会看得开，以一种理解的心情来看待对方的言行，并且试着解开这个误解，从而打开一直纠缠对方的心结。如果你还沉浸在委屈中，做出反击的动作，势必会火上浇油，这时候，爱情成了战场，相爱的两个人都会受伤。所以，即便是自己被误会了，也要舍弃心中的委屈，致力于解开误会，让爱情重新绽放出无尽的光芒。

小M和老公结婚三年了，生了个宝贝，家庭氛围更加温馨和睦。小M感到很幸福，老公事业有成，女儿活泼可爱，还有什么不满足的呢？

可是，后来小M听到了很多传闻，就连自己的好朋友也悄悄地暗示自己"要注意你老公的动向"。刚开始听到这样的传闻，小M还以为是开玩笑，反过来安慰朋友："没事啦，我现在很幸福，老公也很爱我。"朋友看着一脸幸福的小M，也有点宽慰："其实，我也是听来的，据说你老公所在的公司来了个漂亮能干的总监，好像跟你老公走得挺近的。"小M听了，心里也有点疑惑，怎么从来没有听老公说过呢？有一天下午，小M特意打扮了一番去接老公下班，在公司门口等着，一会儿，老公和一个女的并肩走了出来。老公看见小M，有些惊讶，微笑着走了过来。小M脸上却不好看，不屑地看了那女的一眼，就挽着老公走了。一路上，小M一句话也不说，老公问

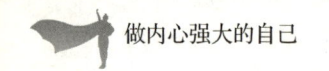

了几句，她也是没好气地回答。老公知道她在生什么气，但觉得自己现在说什么都会被认为是辩解，便一脸苦笑。

周末，在外面洽谈工作的老公打电话给小M"晚上出来吃饭，一会儿我来接你"，小M心里还有气"你咋不跟那个什么总监一起吃呢，我可只是一个家庭妇女"，老公回了一句"我就喜欢家庭妇女"，"什么，她已经结婚了，你还对她有那意思？""哎，晚上出来再说吧"。小M差点把电话砸了，但她不想就这样完事。晚上，小M来到了楼下，老公为她拉开了车门，她发现车上还坐了两个人，是那个漂亮的总监和苏军。老公作了介绍："这是我们公司的总监小曼，这是她老公苏军，你认识的，我大学同学。"小M恍然大悟，幸亏自己没有做出什么行动，她捏了老公的手臂一下，嗔怪道："也不早跟我说一声。""可是，你没有给我机会啊！"老公笑着说。

老公被小M误会了，但他并没有因为小M的无端猜疑而大为光火，而是以包容的心态来理解她的言行。并且，他以一个戏剧性的方式解开了误会，最终两人又恢复了往日的恩爱。假设老公在受到老婆猜疑的时候，就开始生气，并且认为这是"莫须有"的罪名，怀着一种"反正我是清白的，你爱怎么想就怎么想"，那一定会让这次误会升级为战火，还有可能使两人之间的感情破裂。所以，一个人遭受误会时也要想得开，忍耐暂时的委屈，选取长久的爱情。

第16章 婚姻围城，需要我们精心维系

正能量提示

卡耐基认为，爱情，就像人生一样。没有谁的爱情会一帆风顺，都免了了经历一些风风雨雨，走过一段坎坷的路程。也有人说，当爱情经历了风雨的洗礼，它会变得更加稳固，无坚不摧，这样的爱会更恒久。

1.更好地理解另一半

其实，在爱情里会产生一些误会，除了女人的天性敏感多疑，还有一个原因就是她太在乎你了。因为在乎你，所以不得不关注你的一切行为，虽然这爱看似霸道，却是出自真诚的心理，也是无可厚非的。男人应该对这种行为给予理解，以宽容的姿态拥抱她。在每一个男人心中，都应该有一块静心石，对于她的误会要放下，很多误会也就可以解开，也能够为美丽的爱情拨开云雾的遮蔽，重新绽放出爱的光芒。

2.感情需要理解的呵护

如果爱情就像温室里的花朵，从来没有经历过风雨的洗礼，它就显得很脆弱，也经不起任何外在的打击。一旦刮风下雨，那花朵就会因经受不住打击而枯萎。难道说爱情本来是这样子吗？当然不是，爱情刚开始的时候，有缠绵，感情也持续高温，但是发展到一定阶段，就会出现误会、吵架，这是一个必经的过程。从某种程度上说，这也是对爱情间接考验的过程，那些善于经营爱情的人就会聪明地解开误会，重新获得爱

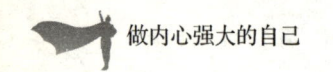

情。当迷雾散开，你就觉得那差点失去的爱情是如此珍贵，在以后的日子里也会更加珍惜爱情。

别总是希望爱人按照自己的意愿行事

卡耐基曾这样告诫所有的女性：不要总想着男人按照自己的意愿做事。生活中，我们总会看到这样的景象：一些像跟班似的男生，背着女朋友的包包，鞍前马后，全然不顾男人形象。当然，走在他身边的女人肯定没有失去生活自理能力，只是习惯让男人按照自己的意愿做事，最终导致男人没有了尊严。而造成这一切的却是那些妄图掌控男人的极端膨胀的女人。在这些女人看来，自己掌控了男人就好像有了莫大的尊严，其实越是这样的男人越不可靠，他之所以还能忍受你的掌控欲，那是因为心里还有你。但若是长此以往，他肯定会在你"高高在上"的姿态下转身离去。女人，若是不想让自己的爱情遭遇风暴，就应该记得在乎自己尊严的同时给男人同样的空间和尊重，这样男人才会更加爱你。

王云是一个掌控欲较强的女人，她的这个特点从结婚那天起，老公就知道了。结婚的时候，婚礼的所有安排都是王云设计的，老公好心提出建议，却总是被她一句话驳回："这个事情必须得这样，否则搞砸了婚礼，我跟你没完。"

第16章 婚姻围城，需要我们精心维系

婚后，王云的掌控欲越来越明显。她包揽了老公的一切，她先去商场以自己的眼光给老公买了很多衣服，将老公柜子里以前的衣服全部塞进垃圾箱里。然后小到牙刷，大到电脑的牌子，她都按照自己的想法购买。结果可苦了老公，本来他是一个衣着中规中矩的人，但王云所买的都是时尚花哨的衣服，穿着这种风格的衣服去公司，被同事们暗地里嘲笑。

最让老公受不了的就是，王云总是指使自己做这做那，比如，老公回家说："最近，公司人事部可能有变动。"王云就会"出谋划策"："你得想办法上升，这样才有出路，总是这样怎么行，这样明天我去给你领导送个红包怎么样？"老公暗暗叫苦，嘴上说着："你还是别去了，省得最后把事情搞砸了。"结果王云还是去了。可想而知，本来老公有机会晋升的，让王云一闹腾，领导硬生生地将晋升的文件压了下来。

出了这样的事情，老公生气了，大吼："你怎么总是这样？什么都想管着我、控制我，小到衣着打扮，大到公司的事情，你管得未免太宽了吧，你这样，我真的很累，好像每天我做的都不是我自己，而是你训练出来的傀儡一样……"

女人总想让男人按照自己的意愿做事，其实这本身就是一种对男人的控制。而男人是一个强势的群体，他们通常会将自己的面子和自尊看得比生命都重要，因此不会任由别人侵犯。如果女人跨越过了这个边界，只会惹来男人的怒气和厌恶，时间长了，有可能两人之间的感情也会出现问题。

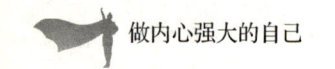

正能量提示

卡耐基认为,在家庭中,有些女人就好像是一个全职保姆,而且还是一个姿态蛮高的保姆,因为她总是强迫男人按照自己的意愿去做事。比如,出门穿什么衣服,浴巾放在哪里,家里的每样东西都必须按照她所说的放在固定的地方,不然她就开始唠叨,甚至发脾气。电脑是开着还是关着,她也会管,而且在她说了之后就应该马上去做,否则她又会生气。在这样的严格控制下,男人就好像一只被关在笼子里的小鸟,毫无自由。人的内心深处总是住着一个叛逆的小孩,你叫他这样做,他偏偏那样做。男人也是一样的,他们就好像飞翔在天空中的风筝,如果你把线拽得太紧,他只会拼命挣脱,最终线断了,他也自由了。

1.对男人就好像放风筝一样

很多人都放过风筝,而如何有技巧地掌控风筝线,不让风筝挣断,这才是最重要的。女人对男人,就好像放风筝一样,你要给男人充分的自由,用心体恤他的工作,这样男人的心才会紧紧地留在你那里,而不会飞向别处。

2."控制男人"的想法往往会起相反的作用

许多女人聚在一起,所谈论的话题就是"如何控制男人,将男人玩弄于股掌之间",但她们都忽视了,男人并不是物件,他们也是有思想、梦想自由的人。女人一旦产生"控制男人"的想法,往往会起到相反的作用,因为男人讨厌被人控制,而且还是被最亲近的人控制,他们心中会对你产生极大的反感,而这将成为两人之间关系亮起红灯的导火线。

参考文献

[1] 戴尔·卡耐基.卡耐基魅力口才与演讲的艺术[M].北京：中国华侨出版社，2011.

[2] 戴尔·卡耐基.卡耐基励志经典大全集[M].北京：华文出版社，2009.

[3] 戴尔·卡耐基.卡耐基口才的艺术与人际关系全集[M].北京：中国华侨出版社，2010.